"十二五"职业教育国家规划教材
经全国职业教育教材审定委员会审定 修订版

普通高等教育"十一五"国家级规划教材

住房和城乡建设部"十四五"规划教材

# 工程造价案例分析

## 第4版

U0158390

主　编　袁　媛　迟晓明

副主编　贺攀明　蒋　飞

参　编　吴　佳　吴英男

主　审　肖　进

机 械 工 业 出 版 社

建设项目财务评价与投资估算、设计方案优化、建设工程定额、工程量清单、工程量清单报价、建筑工程概预算、建设工程施工招标与投标、建设工程合同管理与工程索赔、工程价款结算是工程造价专业的关键能力，案例分析将这些关键能力融会贯通，以期提升学生的工程造价综合能力。

本书根据行业标准和专业标准进行编写，是学生毕业前完成技能训练且系统掌握工程造价核心技能的好助手，也是取得"1+X"建筑信息模型（BIM）职业资格证书的好帮手。

本书内容紧扣工程造价岗位工作实际，可作为高等职业院校、应用型技术学院工程造价、建筑经济管理、建筑工程管理等专业的教材，也可作为成人高等教育、自学考试、注册考试的教材，还可作为从事工程造价工作的有关人员的学习参考书。

## 图书在版编目（CIP）数据

工程造价案例分析/袁媛，迟晓明主编. —4版. —北京：机械工业出版社，2021.5（2024.6重印）

"十二五"职业教育国家规划教材：修订版

ISBN 978-7-111-67972-1

Ⅰ.①工… Ⅱ.①袁… ②迟… Ⅲ.①建筑造价管理-案例-高等职业教育-教材 Ⅳ.①TU723.31

中国版本图书馆 CIP 数据核字（2021）第 061534 号

机械工业出版社（北京市百万庄大街22号　邮政编码100037）
策划编辑：王靖辉　责任编辑：王靖辉
责任校对：张　力　责任印制：常天培
北京机工印刷厂有限公司印刷
2024 年 6 月第 4 版第 8 次印刷
184mm×260mm · 12 印张 · 293 千字
标准书号：ISBN 978-7-111-67972-1
定价：39.80 元

电话服务　　　　　　　　网络服务
客服电话：010-88361066　　机　工　官　网：www.cmpbook.com
　　　　　010-88379833　　机　工　官　博：weibo.com/cmp1952
　　　　　010-68326294　　金　书　网：www.golden-book.com
封底无防伪标均为盗版　　机工教育服务网：www.cmpedu.com

# 前 言

"工程造价案例分析"是工程造价专业知识、方法与技能综合应用的课程，涵盖了建设工程项目从决策到竣工结算五个阶段全过程工程造价管理的重点内容，特别是反映了在确定工程造价的工作中，必须坚持吃苦耐劳、精益求精的精神和遵守法律法规的行业守则。因此，本课程的重点任务之一，就是要使学生通过学习，树立爱党、爱国，热爱专业的思想，坚持吃苦耐劳、精益求精的精神，为建设社会主义强国贡献自己的力量。

本书主要根据《建设工程工程量清单计价规范》（GB 50500—2013）、《房屋建筑与装饰工程工程量计算规范》（GB 50854—2013）和《建设项目全过程造价咨询规程》（CECA/GC 4—2017）编写。

与上版书相比，本书案例增加了"营改增"后计算增值税的内容，并且根据需要全面修改了第1~4章的内容。

熟悉建设项目财务评价与投资估算方法，熟练掌握工程量清单和施工图预算编制方法，是学好工程造价案例分析方法的重要基础。

本书案例内容理论联系实际、思路清晰、逻辑性强且通俗易懂，不仅运用现代信息化技术手段制作微课视频（详见"微课视频列表"），还配有PPT课件、练习题答案、模拟试卷（凡使用本书作为教材的教师均可登录机工教育服务网 www.cmpedu.com 下载）等教学资源，是有效地提升工程造价专业综合能力的好助手。

本书由上海城建职业学院袁媛、四川建筑职业技术学院迟晓明任主编，四川建筑职业技术学院贺攀明、蒋飞任副主编，上海城建职业学院吴佳和四川建筑职业技术学院吴英男参加了编写。本书编写分工如下：袁媛编写第1~4章；迟晓明编写第5、6章；贺攀明编写第8章；蒋飞编写第7章；吴佳编写第9章；吴英男编写第10章。本书由四川建筑职业技术学院肖进教授任主审。

本书在编写过程中得到了机械工业出版社和肖进教授等有关老师的大力支持和帮助，在此一并表示感谢。

由于作者水平有限，书中难免有不足之处，敬请广大读者和老师批评指正。

编 者

# 微课视频列表

| 序号 | 二维码 | 页码 | 序号 | 二维码 | 页码 |
|---|---|---|---|---|---|
| 1 | 什么是工程造价 | 2 | 6 | 投资回收期 | 8 |
| 2 | 工程造价计算方法 | 2 | 7 | 财务比率（上） | 10 |
| 3 | 建设程序与工程造价 | 3 | 8 | 财务比率（下） | 10 |
| 4 | 建设项目划分 | 7 | 9 | 财务净现值案例分析 | 13 |
| 5 | 为什么要划分建设项目 | 7 | 10 | 生产能力指数法 | 15 |

（续）

| 序号 | 二维码 | 页码 | 序号 | 二维码 | 页码 |
|---|---|---|---|---|---|
| 11 | 资金周转率法案例分析 | 16 | 17 | 计算费用法案例分析 | 30 |
| 12 | 生产能力指数法案例分析 | 16 | 18 | 为什么要计算工程量 | 38 |
| 13 | 涨价预备费案例分析 | 20 | 19 | 技术测定法 | 53 |
| 14 | 价值工程 | 26 | 20 | 计算工程量三要素（工程量计算规则） | 59 |
| 15 | 价值工程案例分析（一） | 26 | 21 | 计算工程量三要素（施工图） | 61 |
| 16 | 价值工程案例分析（二） | 26 | 22 | 计算工程量三要素（预算定额） | 87 |

（续）

| 序号 | 二维码 | 页码 | 序号 | 二维码 | 页码 |
|---|---|---|---|---|---|
| 23 | 如何计算综合单价（一） | 89 | 28 | 比例法工期索赔 | 162 |
| 24 | 如何计算综合单价（二） | 89 | 29 | 比例估算法案例分析 | 162 |
| 25 | 为什么要计算定额工程量 | 90 | 30 | 工程价款结算案例分析 | 177 |
| 26 | 营改增后工程造价计算方法 | 98 | 31 | 工程备料款扣除 | 177 |
| 27 | 不平衡报价 | 155 | 32 | 调值公式法 | 179 |

# 目　录

# 第1章

## 工程造价案例分析概论

 学习目标

通过本章内容学习，了解工程造价和工程造价控制的概念，熟悉建设程序和各阶段工程造价的确定与控制，熟悉工程造价案例编制和分析方法，了解"工程造价案例"课程与各专业课程之间的关系。

# 1.1　工程造价概述

### 1.1.1　工程造价的概念

什么是工程造价

　　工程造价是对建设项目在决策、设计、交易、施工、竣工五个阶段的整个过程中，确定投资估算价、设计概算价、施工图预算价、招标控制价、工程量清单报价、工程结算价和竣工决算价的总称。工程造价关于直接费、间接费、工程成本、利润、税金等概念与理论，是建立在马克思资本论的劳动价值论基础之上的，是马克思主义指导下的实践范例。

### 1.1.2　工程造价控制的概念

工程造价计算方法

　　工程造价控制就是指在优化建设方案、设计方案的基础上，在建设程序的各个阶段，采用一定的方法和措施把工程造价控制在合理的范围和核定的造价限额以内的过程。

　　工程造价控制是对建设项目全过程的控制，并且是实施主动控制和动态控制的过程。

### 1.1.3　建设项目全过程的工程造价控制

　　建设项目从可行性研究开始，经初步设计、施工图设计、承发包、施工及生产准备、调试、竣工投产、决算、后评估等的整个过程称为建设项目全过程。

　　工程造价控制是对建设项目可行性研究、项目设计、项目实施、项目竣工、后评估等的全过程的投资进行控制。

### 1.1.4　工程造价控制的主要环节

　　在通常情况下，对建设项目全过程的工程造价实行有效控制包含六个重要环节：一是项目可行性研究报告阶段的投资估算；二是初步设计阶段的设计概算；三是施工图设计阶段的施工图预算；四是工程承发包阶段的合同价确定；五是项目施工阶段的工程结算；六是竣工验收阶段的竣工决算。

　　1. 项目决策阶段的工程造价控制

　　根据拟建项目的功能要求、使用要求，科学合理地编制投资估算，将投资估算的误差率控制在允许的范围之内。

　　2. 初步设计阶段的工程造价控制

　　合理运用设计标准与标准设计、价值工程、限额设计等方法，以可行性研究报告中被批准的投资估算额为本阶段工程造价的控制目标。根据设计方案编制初步设计概算，进而优化设计方案，使工程造价控制在投资估算之内。

　　3. 施工图设计阶段的工程造价控制

　　施工图设计应以被批准的设计概算为本阶段工程造价的控制目标，应用限额设计、价值工程等方法优化。根据设计的施工图，按照规定的方法和程序编制施工图预算。如果施工图预算超出设计概算，则说明施工图设计的内容超出了初步设计的投资范围，应对施工图设计进行调整和修改。

**4. 工程承发包阶段的工程造价控制**

以工程设计文件（包括概、预算）为依据，结合工程施工的具体情况（如现场条件、市场价格、业主的特殊要求等），选择确定承发包方式。对于采用招投标方式进行工程承发包的，应编制招标文件，确定招标控制价，选择合适的合同计价方式，确定工程承包的合同价。

**5. 施工阶段的工程造价控制**

以施工图预算价、工程承包合同价等为控制依据，通过对已完工程进行工程量审核、控制工程变更等方法，严格按照承包方实际完成的工程量，合理确定工程结算价，控制实际工程费用的支出。

**6. 竣工验收阶段的工程造价控制**

全面汇集在工程建设过程中实际花费的全部费用，编制竣工决算，如实体现建设项目的实际工程造价，并总结分析工程建设的经验，积累技术经济数据和资料，不断提高工程造价控制与管理水平。

工程造价控制的关键在于施工前的投资决策和设计阶段，而在项目做出投资决策后，控制工程造价的关键就在于设计。

建设程序和各阶段工程造价确定与控制示意见图 1-1。

建设程序与
工程造价

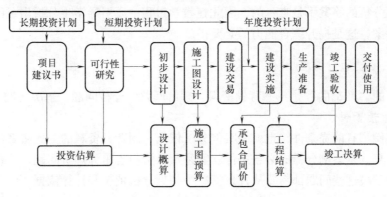

图 1-1　建设程序和各阶段工程造价确定与控制示意图

## 1.2　工程造价案例分析概述

### 1.2.1　工程造价案例

**1. 案例**

案例是指人们在生产生活当中所经历的典型的富有多种意义的事件陈述。

**2. 教学案例**

教学案例是依据真实事件（或模拟真实事件）和教学需要，按照考察分析问题和解决问题能力的要求设计出来的教学载体。

### 3. 工程造价教学案例

工程造价教学案例是依据建设项目全过程工程造价咨询真实事件（或模拟真实事件），根据工程造价专业的教学需要，为考核学员编制的建设项目财务评价、工程设计技术经济指标分析、建设工程定额应用、工程量清单编制、工程量清单报价编制、施工图预算编制、建设工程评标方法、工程索赔和工程价款结算等教学载体，以提高学生的综合分析能力和解决问题的能力。

## 1.2.2　教学案例三要素

教学案例的三要素是背景资料、提出问题、分析问题。

### 1. 背景资料

工程造价专业的背景资料来源于建设项目全过程造价咨询各阶段发生的真实事件。案例可以是一个事件，也可以综合几个事件。

### 2. 提出问题

案例的问题是围绕需要考核分析问题和解决问题的综合能力设计的。

案例提出的问题可以考核两个或者两个以上知识点，并将这些知识点用于综合能力的考核。因此，问题设计是案例设计的核心内容。

### 3. 分析问题

分析问题的过程也是解决问题的过程，因此要回答出足以解决问题的步骤与答案。

由于案例分析的答案不是唯一的，因此在教学过程中要引导学生分析出可能的合理且符合逻辑的答案，这是提升综合能力的必要措施。

## 1.2.3　工程造价案例分析方法

案例分析的"四部曲"是熟悉背景资料、理解问题、分析问题、解决问题。

### 1. 熟悉背景资料

每一个案例都有前提条件，也就是案例分析依据，用背景资料的方式将案例的来龙去脉清楚地叙述出来，是案例分析的必备条件。熟悉背景资料也是为理解问题、分析问题做必要的准备，因为解决这些问题都需要从背景资料中找到分析依据和计算依据。

### 2. 理解问题

理解问题，首先要从问题中能够看到，需要采用什么方法才能分析和解决这个问题；其次是思考所采用的计算方法、所需要的数据，是直接从背景资料中获取，还是运用某个计算的中间结果。

### 3. 分析问题

一个案例往往有两个或者两个以上问题。首先要分析问题之间或者问题结果之间的内在联系，因此回答问题的顺序至关重要。

每一个案例都有考核的知识点或者技能点。分析问题时要从问题中看到考核的知识点、需要运用的公式或者方法，这样才能为后面解决问题做好充分准备。

### 4. 解决问题

采用计算公式或计算方法解决案例的各个问题，理解和掌握计算公式的经济含义是工程造价案例分析的关键能力。

案例分析是考核学员运用工程造价知识的综合能力，将以往各专业课程学习的方法综合运用，解决工程造价综合问题的过程。

### 1.2.4　工程造价案例分析与专业课程的关系

"工程造价案例分析"的先修专业课程，包括"建筑工程预算""建筑装饰工程预算""水电安装工程预算""工程量清单计价""建筑工程项目管理""工程造价管理""工程结算"等课程。

"工程造价案例分析"是综合运用工程造价专业课程知识与方法，提升学员工程造价综合能力及核心能力的课程。

我们必须坚持问题导向。问题是时代的声音，解决问题是学习的动力，回答并指导解决问题是理论的根本任务。

## 思　考　题

1. 什么是工程造价？
2. 什么是工程造价控制？
3. 建设项目全过程造价控制有哪几个阶段？
4. 工程造价控制的主要环节有哪些？
5. 教学案例有哪三个要素？
6. 叙述工程造价案例分析方法。
7. "工程造价案例分析"与工程造价专业课程是什么关系？

# 第2章

# 建设项目财务评价与投资估算

## 学习目标

通过本章内容学习，了解建设项目财务评价和投资估算的概念，熟悉建设项目财务评价和投资估算方法，掌握建设项目财务评价和投资估算计算方法以及案例分析方法。我们要坚持以经济建设为中心，做好建设项目财务评价与投资估算的各项工作。

# 2.1　建设项目财务评价方法

### 2.1.1　建设项目财务评价的概念和内容

**1. 建设项目财务评价的概念**

财务评价是根据国家现行财税制度和价格体系，分析、计算建设项目直接发生的财务效益和费用，编制财务报表，计算评价指标，考察项目的盈利能力、清偿能力以及外汇平衡等财务状况，据以判断项目的财务可行性。它是项目可行性研究的核心内容，其评价结论是决定项目取舍的重要决策依据。

建设项目划分

**2. 建设项目财务评价的内容**

**（1）财务效益和费用的识别**

正确识别项目的财务效益和费用应以项目为界，以项目的直接收入和支出为目标。项目的财务效益主要表现为生产经营的产品销售（营业）收入；项目的财务费用主要表现为建设项目总投资、经营成本和税金等各项支出。此外，项目得到的各种补贴，项目寿命期末回收的固定资产余值和流动资金等，也是项目得到的收入，在财务评价中视为效益处理。

为什么要划
分建设项目

**（2）财务效益和费用的计算**

财务效益和费用的计算，要客观、准确，其计算口径要对应一致。按国家计委的有关规定，项目财务评价应使用财务价格，即以现行价格体系为基础的预测价格，还要考虑价格的变动因素。

**（3）财务报表的编制**

在项目财务效益和费用识别与计算的基础上，可着手编制项目的财务报表，包括基本报表和辅助报表。

**（4）财务评价指标的计算与评价**

由财务报表可以比较方便地计算出各财务评价指标。通过与评价标准或基准值的对比分析，即可对项目的盈利能力、清偿能力及外汇平衡等财务状况作出评价，判断项目的财务可行性。

### 2.1.2　财务评价分析方法

**1. 现金流量表的编制**

**（1）销售收入**

现金流入为产品销售（营业）收入。计算销售收入时，假设生产出来的产品全部售出，销售量等于生产量，即

$$销售收入 = 销售量 \times 销售单价 = 生产量 \times 销售单价$$

**（2）经营成本**

经营成本取自总成本费估算表，销售税金及附加包含有增值税、营业税、消费税、资源税、城市维护建设税和教育费附加，它们取自产品销售（营业）收入和销售税金及附加估

算表；所得税的数据来源于损益表。

$$经营成本 = 总成本费用 - 折旧费 - 维修费 - 摊销费 - 利息支出$$

（3）项目计算期各年的净现金流量

项目计算期各年的净现金流量为各年现金流入量减去对应年份的现金流出量，各年累计净现金流量为本年及以前各年净现金流量之和。

（4）所得税前净现金流量

所得税前净现金流量为上述净现金流量与所得税之和，所得税前累计净现金流量的计算方法与累计净现金流量的计算方法相同。

2. 财务评价指标

（1）财务净现值（FNPV）

财务净现值是指按行业的基准收益率或设定的折现率（$i_0$），将项目计算期内各年净现金流量折现到建设初期的现值之和，其计算公式为

$$FNPV = \sum_{t=1}^{n} (CI - CO)_t (1 + i_c)^{-t}$$

式中　CI、CO——分别为现金流入量、流出量；

　　　$(CI - CO)_t$——第 $t$ 年的净现金流量；

　　　$n$——计算期；

　　　$i_c$——基准收益率或设定的折现率。

当财务净现值 FNPV≥0 时，表明项目在计算期内可获得大于或等于基准收益水平的收益额，项目在财务上可以考虑接受。

（2）财务内部收益率（FIRR）

财务内部收益率是使项目整个计算期内各年净现金流量现值累计等于零时的折现率。它反映项目所占用资金的盈利率，考察项目盈利能力的主要动态评价指标，其计算公式为

$$\sum_{t=1}^{n} (CI - CO)_t (1 + FIRR)^{-t} = 0$$

财务内部收益率的具体计算可根据现金流量表中净现金流量用插值法进行，其计算公式为

$$FIRR = i_1 + \frac{FNPV(i_1)}{FNPV(i_1) - FNPV(i_2)}(i_2 - i_1)$$

式中　$i_1$——较低的试算折现率，$FNPV(i_1) \geq 0$；

　　　$i_2$——较高的试算折现率，$FNPV(i_2) \leq 0$。

$$FNPV(i_1) = \sum_{t=1}^{n} (CI - CO)_t (1 + i_1)^{-t}$$

$$FNPV(i_2) = \sum_{t=1}^{n} (CI - CO)_t (1 + i_2)^{-t}$$

（3）投资回收期（$P_t$）

投资回收期是指以项目的净收益抵偿全部投资（固定资产投资、流动资金）所需的时间。它能反映项目在财务上的投资回收能力。投资回收期以年表示，一般从建设开始年算起，其计算公式为

投资回收期

$$\sum_{t=1}^{P_t} (\mathrm{CI} - \mathrm{CO})_t = 0$$

投资回收期可根据全部投资的现金流量表，分别计算出项目所得税前及所得税后的全部投资回收期，其计算公式为

$$P_t = (累计净现金流量开始出现正值年份数 - 1) + \frac{上年累计净现金流量的绝对值}{当年净现金流量}$$

将求出的投资回收期（$P_t$）与行业的基准投资回收期（$P_c$）比较，当 $P_t \leqslant P_c$ 时，表明项目投资能在规定的时间内收回，则项目在财务上可以考虑接受。

（4）投资利润率

投资利润率是考察项目单位投资盈利能力的静态指标，其计算公式为

$$投资利润率 = \frac{年利润总额或年平均利润总额}{项目总投资} \times 100\%$$

$$项目总投资 = 固定资产投资 + 全部流动资金$$

投资利润率可根据损益表中的有关数据计算求得，当投资利润率 $\geqslant$ 行业平均投资利润率时，表明项目单位投资盈利能力已达到本行业的平均水平，则项目在财务上可以考虑接受。

（5）投资利税率

投资利税率是反映项目单位投资盈利能力和对财政所做贡献的指标，其计算公式为

$$投资利税率 = \frac{年利税总额或年平均利税总额}{项目总投资} \times 100\%$$

$$年利税总额 = 年产品销售（营业）收入 - 年总成本费用$$

$$年利税总额 = 年利润总额 + 年销售税金及附加$$

投资利税率可根据损益表中的有关数据计算求得。在财务评价中，将投资利税率与行业平均投资利税率对比，以判断项目单位投资对国家积累的贡献水平是否达到本行业的平均水平。当投资利税率 $\geqslant$ 行业平均投资利税率时，项目在财务上才可以考虑接受。

（6）资本金利润率

资本金利润率是指项目达到设计生产能力后的一个正常生产年份的年利润总额或项目生产期内的年平均利润总额与资本金的比率，它反映投入项目的资本金的盈利能力，其计算公式为

$$资本金利润率 = \frac{年利润总额或年平均利润总额}{资本金} \times 100\%$$

3. 项目清偿能力分析的指标计算与评价

项目清偿能力分析主要是考察项目计算期内各年的财务状况及偿债能力。项目清偿能力分析主要通过计算借款偿还期、资产负债率、流动比率、速动比率等评价指标来进行。

（1）固定资产投资国内借款偿还期

固定资产投资国内借款偿还期是指在国家财政规定及项目具体财务条件下，以项目投产后可用于还款的资金偿还固定资产投资国内借款本金和建设期利息（不包括已用自有资金支付的建设期利息）所需要的时间，其计算公式为

$$\sum_{t=1}^{P_d} R_t - I_d = 0$$

式中 $I_d$——固定资产投资国内借款本金和建设期利息（不包括已用自有资金支付的部分）之和；

$P_d$——固定资产投资国内借款偿还期（从借款开始年计算，当从投产年算起时应注明）；

$R_t$——第 $t$ 年可用于还款的资金，包括利润、折旧、摊销及其他还款资金。

借款偿还期可由资金来源与运用表及（国内）借款还本付息计算表直接推算，以年表示，其计算公式为

$$P_d = T - t + \frac{R'_T}{R_T}$$

式中 $T$——借款偿还后开始出现盈余年份数；

$t$——开始借款年份数（从投产年算起时为投产年年份数）；

$R'_T$——第 $T$ 年偿还借款额；

$R_T$——第 $T$ 年可用于还款的资金额。

财务比率（上）

当借款偿还期满足贷款机构的要求期限时，即认为是有清偿能力的。

（2）财务比率

根据资产负债表可计算资产负债率、流动比率和速动比率等财务比率，以分析项目的清偿能力。

1）资产负债率。资产负债率是反映项目各年所面临的财务风险程度及偿债能力的指标，其计算公式为

$$资产负债率 = \frac{负债总额}{资产总额} \times 100\%$$

财务比率（下）

2）流动比率。流动比率是反映项目各年偿付流动负债能力的指标，其计算公式为

$$流动比率 = \frac{流动资产总额}{流动负债总额} \times 100\%$$

3）速动比率。速动比率是反映项目各年快速偿付流动负债能力的指标，其计算公式为

$$速动比率 = \frac{流动资产 - 存货}{流动负债总额} \times 100\%$$

不同行业有不同的财务评价指标，在财务评价中应根据项目的具体情况及各行业的特点进行具体分析。

## 2.2 建设项目财务评价案例分析

**1. 背景资料**

（1）工程资料

某电站装机 2500kW，年发电量 1700 万 kW·h，施工期为 2 年，生产期为 20 年，计算期为 22 年。本工程建设资金 30% 为资本金，70% 为银行贷款，贷款利率 5.21%，还款期限 8 年（从电站运行年起 6 年）。以建设开始年为基准年，以年初为折算基准点，折现率为 12%。

（2）财务现金流量表

财务现金流量表见表2-1。

表 2-1　财务现金流量表　　　　　　　　　（单位：万元）

| 序号 | 项目 | 建设期/年 | | 生产期/年 | | | | | | | | | 合计 |
|---|---|---|---|---|---|---|---|---|---|---|---|---|---|
| | | 1 | 2 | 3 | 4 | 5 | 6 | 7 | 8 | 9~12 | 13~21 | 22 | |
| | 年末装机容量/kW | 0 | 2500 | 2500 | 2500 | 2500 | 2500 | 2500 | 2500 | 2500 | 2500 | 2500 | |
| | 年有效发电量/万kW·h | 0 | 0 | 1479 | 1479 | 1479 | 1479 | 1479 | 1479 | 1479 | 1479 | 1479 | |
| | 厂供电量/万kW·h | 0 | 0 | 1472 | 1472 | 1472 | 1472 | 1472 | 1472 | 1472 | 1472 | 1472 | |
| | 上网电量/万kW·h | 0 | 0 | 1450 | 1450 | 1450 | 1450 | 1450 | 1450 | 1450 | 1450 | 1450 | |
| 1 | 现金流入 | 0 | 0 | 435 | 435 | 435 | 435 | 435 | 435 | 435 | 435 | 441 | 8706 |
| 1.1 | 销售收入 | 0 | 0 | 435 | 435 | 435 | 435 | 435 | 435 | 435 | 435 | 435 | 8700 |
| 1.2 | 回收固定资产余值 | 0 | 0 | 0 | 0 | 0 | 0 | 0 | 0 | 0 | 0 | 3 | 3 |
| 1.3 | 回收流动资金 | 0 | 0 | 0 | 0 | 0 | 0 | 0 | 0 | 0 | 0 | 3 | 3 |
| 2 | 现金流出 | 483 | 1020 | 103 | 107 | 111 | 115 | 119 | 123 | 127 | 177 | 177 | 4459 |
| 2.1 | 固定资产投资 | 483 | 1017 | 0 | 0 | 0 | 0 | 0 | 0 | 0 | 0 | 0 | 1500 |
| 2.2 | 流动资金 | 0 | 3 | 0 | 0 | 0 | 0 | 0 | 0 | 0 | 0 | 0 | 3 |
| 2.3 | 经营成本 | 0 | 0 | 49 | 49 | 49 | 49 | 49 | 49 | 49 | 49 | 49 | 980 |
| 2.4 | 销售税金及附加 | 0 | 0 | 1 | 1 | 1 | 1 | 1 | 1 | 1 | 1 | 1 | 20 |
| 2.5 | 所得税 | 0 | 0 | 53 | 57 | 61 | 65 | 69 | 73 | 77 | 127 | 127 | 1956 |
| 3 | 净现金流量（1−2） | −483 | −1020 | 332 | 328 | 324 | 320 | 316 | 312 | 308 | 258 | 264 | 4247 |
| 4 | 累计净现金流量 | −483 | −1503 | −1171 | −843 | −529 | −209 | 107 | 419 | ⋯ | ⋯ | 4247 | |
| 5 | 所得税前净现金流量 | −483 | −1020 | 384 | 384 | 384 | 384 | 384 | 384 | 384 | 384 | 390 | 6183 |
| 6 | 所得税前累计净现金流量 | −483 | −1503 | −1119 | −735 | −351 | 33 | 417 | 801 | ⋯ | ⋯ | 6183 | |

| 计算指标 | | 所得税后 | 所得税前 |
|---|---|---|---|
| | 财务内部收益率（%） | 18.93 | 23.42 |
| | 财务净现值/万元（$i_c = 12\%$） | 568.591 | 1043.727 |
| | 投资回收期/年 | 6.66 | 5.91 |

（3）资金来源与运用表

资金来源与运用表见表2-2。

表 2-2 资金来源与运用表　　　　　　　　　　（单位：万元）

| 序号 | 项目 | 建设期/年 | | 生产期/年 | | | | | | | | | 合计 |
|---|---|---|---|---|---|---|---|---|---|---|---|---|---|
| | | 1 | 2 | 3 | 4 | 5 | 6 | 7 | 8 | 9~12 | 13~21 | 22 | |
| | 装机容量/kW | 0 | 2500 | 2500 | 2500 | 2500 | 2500 | 2500 | 2500 | 2500 | 2500 | 2500 | |
| 1 | 资金来源 | 493 | 1064 | 316 | 327 | 339 | 351 | 363 | 376 | 385 | 385 | 391 | 9025 |
| 1.1 | 利润总额 | 0 | 0 | 162 | 173 | 185 | 197 | 209 | 222 | 231 | 384 | 384 | 5912 |
| 1.2 | 折旧费 | 0 | 0 | 154 | 154 | 154 | 154 | 154 | 154 | 154 | 1 | 1 | 1550 |
| 1.3 | 摊销费 | 0 | 0 | 0 | 0 | 0 | 0 | 0 | 0 | 0 | 0 | 0 | 0 |
| 1.4 | 长期借款 | 348 | 756 | 0 | 0 | 0 | 0 | 0 | 0 | 0 | 0 | 0 | 1104 |
| 1.5 | 流动资金借款 | 0 | 2 | 0 | 0 | 0 | 0 | 0 | 0 | 0 | 0 | 0 | 2 |
| 1.6 | 短期借款 | 0 | 0 | 0 | 0 | 0 | 0 | 0 | 0 | 0 | 0 | 0 | 0 |
| 1.7 | 资本金 | 145 | 306 | 0 | 0 | 0 | 0 | 0 | 0 | 0 | 0 | 0 | 451 |
| 1.8 | 其他 | 0 | 0 | 0 | 0 | 0 | 0 | 0 | 0 | 0 | 0 | 0 | 0 |
| 1.9 | 回收固定资产余值 | 0 | 0 | 0 | 0 | 0 | 0 | 0 | 0 | 0 | 0 | 3 | 3 |
| 1.10 | 回收流动资金 | 0 | 0 | 0 | 0 | 0 | 0 | 0 | 0 | 0 | 0 | 3 | 3 |
| 2 | 资金运用 | 493 | 1064 | 285 | 294 | 306 | 316 | 327 | 276 | 131 | 181 | 183 | 5697 |
| 2.1 | 固定资产投资 | 483 | 1017 | 0 | 0 | 0 | 0 | 0 | 0 | 0 | 0 | 0 | 1500 |
| 2.2 | 建设期贷款利息 | 10 | 44 | 0 | 0 | 0 | 0 | 0 | 0 | 0 | 0 | 0 | 54 |
| 2.3 | 流动资金 | 0 | 3 | 0 | 0 | 0 | 0 | 0 | 0 | 0 | 0 | 0 | 3 |
| 2.4 | 所得税 | 0 | 0 | 53 | 57 | 61 | 65 | 69 | 73 | 77 | 127 | 127 | 1956 |
| 2.5 | 应付利润 | 0 | 0 | 54 | 54 | 54 | 54 | 54 | 54 | 54 | 54 | 54 | 1080 |
| 2.6 | 长期借款本金偿还 | 0 | 0 | 178 | 183 | 191 | 197 | 204 | 149 | 0 | 0 | 0 | 1102 |
| 2.7 | 流动资金借款本金偿还 | 0 | 0 | 0 | 0 | 0 | 0 | 0 | 0 | 0 | 0 | 2 | 2 |
| 2.8 | 其他短期借款本金偿还 | 0 | 0 | 0 | 0 | 0 | 0 | 0 | 0 | 0 | 0 | 0 | 0 |
| 3 | 盈余资金 | 0 | 0 | 31 | 33 | 33 | 35 | 36 | 100 | 254 | 204 | 208 | 3328 |
| 4 | 累计未分配利润 | 0 | 0 | 31 | 64 | 97 | 132 | 168 | 268 | … | … | 3328 | |

2. 问题

根据上述工程背景情况和有关依据，分析和计算该建设项目的下列问题。

（1）电站总成本费用。

（2）财务内部收益率。

（3）财务净现值。

（4）投资回收期。

（5）投资利润率。

（6）投资利税率。

（7）资本金利润率。

3. 案例分析

本案例较全面地考核了"建设项目财务评价"的内容。

计算电站总成本时，应根据资金来源与运用表（表 2-2）确定折旧费用；根据财务现金流量表（表 2-1）计算经营成本。

在试算过程中，当财务内部收益率 $i = 18\%$ 时，$FNPV(i_1) > 0$，当 $i = 19\%$ 时，$FNPV(i_2) < 0$，说明财务内部收益率 $i$ 在 $18\% \sim 19\%$ 之间。

财务净现值的计算过程比较繁杂，没有列出，只给出了计算结果。

查表 2-1，所得税后投资回收期计算公式中的"累计净现金流量开始出现正值年份数"为第 7 年，"上年累计净现金流量绝对值"为 209 万元，"当年净现金流量"为 316 万元，代入投资回收期计算公式后的计算结果是 6.66 年，小于基准投资回收期。

投资利润率、投资利税率和资本金利润率分别采用计算公式计算；查表 2-2，项目总投资的建设期资金投入为 1557 万元（493 万元 + 1064 万元），资本金为 451 万元（145 万元 + 306 万元）。

$$年平均利润 = \frac{利润总额}{年数} = \frac{5912\ 万元}{22\ 年} = 268.73\ 万元/年$$

$$年平均利税总额 = \frac{利润总额 + 所得税总额}{年数} = \frac{(5912 + 1956)\ 万元}{22\ 年} = \frac{7868\ 万元}{22\ 年}$$
$$= 357.64\ 万元/年$$

4. 答案

**问题（1）**：电站总成本费用

① 折旧：设备折旧费为 152 万元/年，专用配套输变电成本年折旧费为 2 万元/年，总折旧费为 154 万元/年，见表 2-2。

② 经营成本：发电经营成本为 48 万元/年，专用配套输变电经营成本按固定资产投资的 3% 估算为 1 万元/年，总经营成本为 49 万元/年，见表 2-1。

电站总成本费用：（154 + 49）万元/年 = 203 万元/年

**问题（2）**：财务内部收益率

所得税后：

当 $i_1 = 18\%$ 时，$FNPV(i_1) = 51.999 > 0$

当 $i_2 = 19\%$ 时，$FNPV(i_2) = -3.864 < 0$

财务净现值案例分析

根据财务内部收益率公式计算，所得税后财务内部收益率为：

$$FIRR = i_1 + \frac{FNPV(i_1)}{FNPV(i_1) - FNPV(i_2)} \times (i_2 - i_1)$$

$$= 18\% + \frac{51.999}{51.999 + 3.864} \times (19\% - 18\%)$$

$$= 18.93\% > 12\%（基准收益率）$$

同理可得，所得税前财务内部收益率为：$23.43\% > 12\%$（基准收益率）

**问题（3）**：财务净现值

所得税后财务净现值为：

$$FNPV = \sum_{t=1}^{n} (CI - CO)_t (1 + i_c)^{-t} = \sum_{t=1}^{22} (CI - CO)_t (1 + 12\%)^{-t} = 568.591\ 万元 > 0$$

所得税前财务净现值为：$FNPV = 1043.727\ 万元 > 0$

问题（4）：投资回收期

所得税后投资回收期为：$P_t = \left(7 - 1 + \dfrac{|-209|}{316}\right)$年$= 6.66$年$< 10.0$年（基准投资回收期）

所得税前投资回收期为：$P_t = \left(6 - 1 + \dfrac{|-351|}{384}\right)$年$= 5.91$年$< 10.0$年（基准投资回收期）

计算结果表明，该项目从全部投资角度看，盈利能力满足要求，在财务上可行，且能够在规定时间内收回投资。

问题（5）：投资利润率

根据"资金来源与运用表"（表2-2），可得：

$$投资利润率 = \dfrac{年平均利润总额}{项目总投资} \times 100\% = \dfrac{268.73\ 万元}{1557\ 万元} \times 100\% = 17.26\%$$

问题（6）：投资利税率

根据资金来源与运用表（表2-2），可得：

$$投资利税率 = \dfrac{年平均利税总额}{项目总投资} \times 100\% = \dfrac{357.64\ 万元}{1557\ 万元} \times 100\% = 22.97\%$$

问题（7）：资本金利润率

根据资金来源与运用表（表2-2），可得：

$$资本金利润率 = \dfrac{年平均利润总额}{资本金} \times 100\% = \dfrac{268.73\ 万元}{451\ 万元} \times 100\% = 59.59\%$$

计算结果表明，项目单位投资盈利能力达到了行业平均水平。

5. 财务评价结论

本项目财务指标优越，在财务上是切实可行的，又能满足还贷要求，建议可以修建。

## 2.3 建设项目投资估算方法

### 2.3.1 投资估算的概念

投资估算是指对拟建项目固定资产投资、流动资金和项目建设期贷款利息的估算。

对固定资产投资主要采用指数估算法和系数估算法。对流动资金采用流动资金占产值、固定资金、成本等的比率进行估算。

建设项目投资估算是指在投资决策过程中，依据现有的资料和一定的方法对建设工程的投资数额进行估计，并在此基础上研究是否建设。

### 2.3.2 投资估算的内容与方法

建设项目总投资的构成决定了投资估算应包括固定资产投资估算和流动资产投资估算。

固定资产投资估算包括：设备及工、器具购置费，建筑安装工程费，工程建设其他费用（此时不包含铺底流动资金），预备费（分为基本预备费和涨价预备费）和建设期贷款利息等的估算。

铺底流动资金的估算是项目总投资估算的一部分。根据国家规定，新建、扩建和技术改造项目，必须将项目建成投产后所需的铺底流动资金列入投资计划；铺底流动资金不落实的，国家不予批准立项，银行不予贷款。

1. 资金周转率法

$$资金周转率 = \frac{年销售总额}{投资额} = \frac{产品年产量 \times 产品单价}{投资额}$$

$$投资额 = \frac{产品年产量 \times 产品单价}{资金周转率}$$

拟建项目的资金周转率可以根据已建相似项目的有关数据进行估算，然后再根据拟建项目的预计产品年产量及单价，估算拟建项目的投资额。

资金周转率法简便、速度快，但精确度较低，可用于投资机会研究及项目建议书阶段的投资估算。

2. 生产能力指数法

此方法根据已建成的、性质相似的建设项目或生产装置的投资额和生产能力，与拟建项目或生产装置的生产能力比较，估算拟建项目的投资额。

生产能力指数法

计算公式为

$$C_2 = C_1 \left( \frac{Q_2}{Q_1} \right)^n \cdot f$$

式中　$C_1$——已建类似项目或生产装置的投资额；

　　　$C_2$——拟建项目或生产装置的投资额；

　　　$Q_1$——已建类似项目或生产装置的生产能力；

　　　$Q_2$——拟建项目或生产装置的生产能力；

　　　$f$——不同时期、不同地点的定额、单价、费用变更等的综合调整系数；

　　　$n$——生产能力指数，$0 \leq n \leq 1$，国外常取 0.6。

3. 比例估算法

以拟建项目或生产装置的设备费为基数，根据已建成的同类项目或生产装置的建筑安装工程费用和其他工程费用等占设备价值的百分比，求出相应的建筑安装工程费用等，再加上拟建项目的其他有关费用，其总和即为项目或生产装置的投资额。计算公式为

$$C = E(1 + f_1 P_1 + f_2 P_2 + f_3 P_3 + \cdots) + I$$

式中　　　　$C$——拟建项目或生产装置的投资额；

　　　　　　$E$——根据拟建项目或生产装置的设备清单，按当时当地价格计算的设备费（包括运杂费）的总额；

$P_1$、$P_2$、$P_3 \cdots$——已建项目中建筑、安装及其他工程费用占设备费的百分比；

$f_1$、$f_2$、$f_3 \cdots$——由于时间因素引起的定额、价格、费用标准等变化的综合调整系数；

　　　　　　$I$——拟建项目的其他费用。

4. 朗格系数法

这种方法是以设备费用为基础，乘以适当系数来推算项目的建设费用。基本公式为

$$D = C \cdot (1 + \sum K_i) \cdot K_c$$

式中　$D$——总建设费用；

　　　$C$——主要设备费用；

　　　$K_i$——管线、仪表、建筑物等费用的估算系数；

　　　$K_c$——管理费、合同费、应急费等间接费在内的总估算系数。

总建设费用与设备费用之比为朗格系数 $K_L$，即

$$K_L = (1 + \sum K_i) \cdot K_c$$

此方法比较简单，但没有考虑设备规格、材质的差异，所以精确度不高。

5. 指标估算法

根据编制的各种具体的投资估算指标，进行单项工程投资的估算。即通过找到与拟建工程建筑面积、结构类型、层数与层高、基础类型和内外装饰等结构特征最接近的已建工程估算指标，按照规定计算出调整后的平方米估算造价，然后乘以拟建工程建筑面积，计算工程估价的方法。

6. 涨价预备费

涨价预备费的估算可按下列公式进行：

$$PF = \sum_{t=0}^{n} I_t [(1 + f)^t - 1]$$

式中　PF——涨价预备费估算额；

　　　$I_t$——建设期中第 $t$ 年的投资计划额（按建设期上一年价格水平估算）；

　　　$n$——建设期年份数；

　　　$f$——年平均价格预计上涨率。

## 2.4　建设项目投资估算案例分析

### 2.4.1　资金周转率法案例分析

资金周转率法
案例分析

生产能力指数法
案例分析

1. 背景资料

某单晶太阳能电池板生产建设项目，预测年产量 200 万 $m^2$、单价 1200 元/$m^2$，预计资金周转率为 4。

2. 问题

用资金周转率法估算投资额。

3. 案例分析

根据资金周转率法估算投资计算公式，该计算项目的投资额为：

$$投资额 = \frac{200 \text{ 万 } m^2 \times 1200 \text{ 元/} m^2}{4}$$

$$= \frac{240000}{4} \text{ 万元}$$

$$= 60000 \text{ 万元（6 亿元）}$$

4. 答案

某单晶太阳能电池板生产建设项目投资额为 60000 万元（6 亿元）。

### 2.4.2　生产能力指数法案例分析

**1. 背景资料**

在某地区拟建装机容量为 5000kW 的电站，投资总额为 2860.92 万元。

**2. 问题**

用生产能力指数法求装机容量为 2500kW 电站的投资额（设 $n=0.9$，$f=1$）。

**3. 案例分析**

采用生产能力指数法求装机容量为 2500kW 电站的投资额 $C_2$。

$$C_2 = \left[ 2860.92 \times \left( \frac{2500}{5000} \right)^{0.9} \times 1 \right] 万元 = 1533.12 \text{ 万元}$$

**4. 答案**

装机容量为 2500kW 电站的投资额 1533.12 万元。

### 2.4.3　比例估算法案例分析

**1. 背景材料**

已建实木家具生产厂建设投资额为 9900 万元，其中建筑工程费 3050 万元、安装工程费 800 万元、设备费 5300 万元、其他工程费 450 万元、其他费用 300 万元。

现拟建实木家具厂的加工设备根据当地当时价格计算为 7500 万元，其他费用 495 万元。由于时间变化，建筑安装及设备费均发生了变化，拟建项目的建筑工程费调整系数 $f_1$ 为 1.19，安装工程费调整系数 $f_2$ 为 1.05，其他工程费调整系数 $f_3$ 为 1.20。

**2. 问题**

用比例估算法计算拟建实木家具厂投资额。

**3. 案例分析**

第一步，计算已建项目中建筑工程费、安装工程费和其他费用占设备费的百分比。

$$建筑工程费占设备费百分比 = \frac{3050}{5300} 万元 \times 100\% = 57.55\%$$

$$安装工程费占设备费百分比 = \frac{800}{5300} 万元 \times 100\% = 15.09\%$$

$$其他工程费占设备费百分比 = \frac{450}{5300} 万元 \times 100\% = 8.49\%$$

第二步，计算拟建项目投资额。

$$
\begin{aligned}
C &= E(1 + f_1 p_1 + f_2 p_2 + f_3 p_3) + I \\
&= 7500 \text{ 万元} \times (1 + 57.55\% \times 1.19 + 15.09\% \times 1.05 + 8.49\% \times 1.20) + 495 \text{ 万元} \\
&= 15083.78 \text{ 万元}
\end{aligned}
$$

**4. 答案**

拟建实木家具厂投资额为 15083.78 万元。

### 2.4.4　朗格系数法案例分析

**1. 背景资料**

拟建某直流电机生产厂，主要设备投资额为 9000 万元，管线、仪表、建筑物等费用估

算系数 $\sum K_i$ 为 1.5，管理费、合同费、应急费等间接费在内的总估算系数 $K_c$ 为 1.18。

### 2. 问题

用朗格系数法计算拟建直流电机生产厂的总建设费用。

### 3. 案例分析

$$总建设费用 D = C \times (1 + \sum K_i) \times K_c$$

$$= 9000\ 万元 \times (1 + 1.5) \times 1.18$$

$$= 26550\ 万元$$

### 4. 答案

拟建直流电机生产厂总建设费用为 26550 万元。

## 2.4.5　指标估算法案例分析

根据表 2-3 某省中学教学楼投资估算指标，估算同一地区拟建解放路中学教学楼建设项目投资估算。

表 2-3　某省中学教学楼投资估算指标

| 一、工程概况 | | | | | |
|---|---|---|---|---|---|
| 工程名称 | 中学教学楼 | 工程地点 | ××市 | 建筑面积 | 2510m² |
| 层　数 | 5 层 | 层　高 | 3.9m | 檐　高 | 20.85m |
| 结构类型 | 框架 | 地耐力 | 180kPa | 地震裂度 | 6 度 |
| 土建部分 | | 地基处理 | 灰土挤密桩 | | |
| | | 基础 | C20 钢筋混凝土有梁式满堂基础 | | |
| | 墙体 | 外墙 | 240 黏土空心砖墙 | | |
| | | 内墙 | 240 黏土空心砖墙 | | |
| | | 柱 | C20 钢筋混凝土矩形桩、构造柱 | | |
| | | 梁 | C20 钢筋混凝土单梁、连续梁、悬臂梁、过梁 | | |
| | | 板 | C20 钢筋混凝土有梁板 | | |
| | 地面 | 垫层 | 混凝土垫层 | | |
| | | 面层 | 水泥砂浆、地砖面层 | | |
| | | 楼面 | 地砖面层 | | |
| | | 屋面 | 水泥膨胀珍珠岩保温层，三元丁橡胶卷材防水层 | | |
| | | 门窗 | 成品实木门，铝合金推拉窗 | | |
| | | 顶棚 | 混合砂浆、水泥砂浆，乳胶漆 | | |
| | 装饰 | 内墙面 | 混合砂浆、水泥砂浆，乳胶漆 | | |
| | | 外墙面 | 墙面贴棕色面砖 | | |
| 安装部分 | | 给排水 | 给水 PE 管，排水 PVC 管，蹲式大便器 | | |
| | | 电气照明 | 照明配电箱，荧光灯、吸顶灯，吊扇，半硬质塑料管暗敷，穿铜芯橡皮线、铜芯护套线，避雷网敷设 | | |

（续）

| 二、每平方米综合造价指标 | | | | | | （单位：元/m²） | |
|---|---|---|---|---|---|---|---|
| 名称 | 综合指标 | 定额直接费 | | | | 间接费 | 税金 |
| | | 合计 | 人工费 | 材料费 | 机械费 | | |
| 工程造价 | 1018.51 | 805.29 | 234.76 | 512.38 | 58.15 | 129.12 | 84.10 |
| 土建 | 978.72 | 773.20 | 226.74 | 488.78 | 57.68 | 124.71 | 80.81 |
| 给排水 | 9.07 | 7.29 | 1.88 | 5.38 | 0.03 | 1.03 | 0.75 |
| 电气照明 | 30.72 | 24.80 | 6.14 | 18.22 | 0.44 | 3.38 | 2.54 |

1. 背景资料

（1）拟建中学教学楼工程概况

建筑面积：2750m²，结构类型：框架，层数：6，层高：3.9m。

土建部分做法：混凝土满堂基础，240 黏土空心砖墙，现浇 C20 混凝土柱、梁、板、地面混凝土垫层、水泥砂浆、地砖面层，楼面地砖面层，屋面水泥膨胀珍珠岩保温层、三元丁橡胶卷材防水层，成品实木门，铝合金推拉窗，内墙面混合砂浆、乳胶漆，外墙面贴面砖，PE 给水管，PVC 排水管，蹲式大便器，吸顶荧光灯，吊风扇，BV 导线，避雷网敷设。

（2）价格与间接费调整系数

本地区工程造价行政主管部门颁发人工费调整系数 1.08，材料价差综合调整系数 1.15，间接费调整系数 1.03。

（3）增值税率

$$增值税 = 税前造价 \times 增值税率（9\%）$$

2. 问题

根据上述条件计算拟建中学教学楼工程的以下内容：

（1）调整后人工费。

（2）调整后材料费。

（3）间接费。

（4）税金。

（5）投资估算造价。

3. 案例分析

拟建教学楼与已建教学楼的土建做法基本相同，可以使用表 2-3 进行拟建中学教学楼投资估算。

采用估算指标教学项目投资估算是效果比较好的办法，其关键技术是需要找到与新建项目工程概况类似的已建工程的估算指标。

由于人工单价和材料单价具有时效性，因此估算拟建工程投资时，要根据有关规定对估算指标的人工费和材料费采用调整系数的方法进行调整。同理，可以采用调整系数方法调整间接费。

案例中给出的是不含进项税的税前造价，这是营改增后增值税计算的要求。

以 m² 为单位，将调整后的人工费、材料费和间接费再加上原来的机械费，通过计算增值税后，就可以计算出拟建中学教学楼的每平方米估算造价。然后再乘以拟建工程建筑面积就可以估算出拟建工程的投资估算造价。

4. 答案

**问题（1）：调整后人工费**

用已建中学教学楼工程定额人工费 234.76 元/m² 乘以调整系数 1.08。

拟建中学教学楼调整后人工费 = 234.76 元/m² × 1.08 = 253.54 元/m²

**问题（2）：调整后材料费**

用已建中学教学楼工程定额材料费 512.38 元/m² 乘以调整系数 1.15。

拟建中学教学楼调整后材料费 = 512.38 元/m² × 1.15 = 589.24 元/m²

**问题（3）：间接费**

用已建中学教学楼工程定额间接费 129.12 元/m² 乘以调整系数 1.03。

拟建中学教学楼调整后间接费 = 129.12 元/m² × 1.03 = 132.99 元/m²

**问题（4）：税金**

$$\begin{aligned}
税前造价 &= 直接费 + 间接费\\
&= 调整后人工费 + 调整后材料费 + 机械费 + 调整后间接费\\
&= (253.54 + 589.24 + 58.15 + 132.99)元/m^2\\
&= 1033.92\ 元/m^2
\end{aligned}$$

$$\begin{aligned}
增值税税金 &= 税前造价 × 9\%\\
&= 1033.92\ 元/m^2 × 9\%\\
&= 93.05\ 元/m^2
\end{aligned}$$

**问题（5）：投资估算造价**

$$\begin{aligned}
调整后已建工程每平方米造价 &= (253.54 + 589.24 + 58.15 + 132.99 + 93.05)元/m^2\\
&= 1126.97\ 元/m^2
\end{aligned}$$

$$\begin{aligned}
拟建中学教学楼投资估算造价 &= 建筑面积 × 调整后已建工程每平方米造价\\
&= 2750m^2 × 1126.97\ 元/m^2\\
&= 3099167.5\ 元\\
&≈ 309.92\ 万元
\end{aligned}$$

拟建中学教学楼工程投资估算造价为 309.92 万元。

### 2.4.6　涨价预备费案例分析

涨价预备费案例分析

1. 背景资料

某电站工程的静态投资为 1408.71 万元，建设期 2 年，第一年投入 469.17 万元，第二年投入 939.54 万元，建设期价格变动率为 3%。

2. 问题

该工程的涨价预备费为多少？

3. 案例分析

依据工程背景资料和计算公式，计算的该工程涨价预备费如下。

第一年：

$$PF_1 = 469.17\ 万元 × [(1 + 3\%) - 1] = 14.08\ 万元$$

第二年：

$$PF_2 = 939.54 \text{ 万元} \times \left[ (1 + 3\%)^2 - 1 \right] = 57.22 \text{ 万元}$$

该工程项目涨价预备费：

$$PF = (14.08 + 57.22) \text{ 万元} = 71.30 \text{ 万元}$$

4. 答案

某电站工程的涨价预备费为 71.30 万元。

## ❀ 练 习 题 ❀

 练习题一

1. 背景资料

财务现金流量表见表 2-4。

表 2-4　财务现金流量表　　　　　　　　　　　　　（单位：万元）

| 序号 | 项目 | 建设期/年 | | 生产期/年 | | | | | | | | | 合计 |
|---|---|---|---|---|---|---|---|---|---|---|---|---|---|
| | | 1 | 2 | 3 | 4 | 5 | 6 | 7 | 8 | 9~12 | 13~21 | 22 | |
| | 装机容量/kW | 0 | 2500 | 2500 | 2500 | 2500 | 2500 | 2500 | 2500 | 2500 | 2500 | 2500 | |
| 1 | 现金流入 | 0 | 0 | 435 | 435 | 435 | 435 | 435 | 435 | 435 | 435 | 441 | 8706 |
| 1.1 | 销售收入 | 0 | 0 | 435 | 435 | 435 | 435 | 435 | 435 | 435 | 435 | 435 | 8700 |
| 1.2 | 回收固定资产余值 | 0 | 0 | 0 | 0 | 0 | 0 | 0 | 0 | 0 | 0 | 3 | 3 |
| 1.3 | 回收流动资金 | 0 | 0 | 0 | 0 | 0 | 0 | 0 | 0 | 0 | 0 | 3 | 3 |
| 1.4 | 其他收入 | | | | | | | | | | | | |
| 2 | 现金流出 | 145 | 306 | 350 | 348 | 348 | 346 | 345 | 281 | 127 | 177 | 177 | 4747 |
| 2.1 | 自有资金 | 145 | 306 | 0 | 0 | 0 | 0 | 0 | 0 | 0 | 0 | 0 | 451 |
| 2.2 | 借款本金偿还 | 0 | 0 | 178 | 183 | 191 | 197 | 204 | 149 | 0 | 0 | 0 | 1102 |
| 2.3 | 借款利息支出 | 0 | 0 | 69 | 58 | 46 | 34 | 22 | 9 | 0 | 0 | 0 | 238 |
| 2.4 | 经营成本 | 0 | 0 | 49 | 49 | 49 | 49 | 49 | 49 | 49 | 49 | 49 | 980 |
| 2.5 | 销售税金及附加 | 0 | 0 | 1 | 1 | 1 | 1 | 1 | 1 | 1 | 1 | 1 | 20 |
| 2.6 | 所得税 | 0 | 0 | 53 | 57 | 61 | 65 | 69 | 73 | 77 | 127 | 127 | 1956 |
| 3 | 净现金流量 | −145 | −306 | 85 | 87 | 87 | 89 | 90 | 154 | 308 | 258 | 264 | |

2. 问题

计算财务内部收益率和财务净现值。

 练习题二

1. 背景资料

某新能源汽车生产建设项目，预测年产量 300 辆，每辆单价 15 万元，预计资金周转率为 3%。

**2. 问题**

用资金周转率法估算投资额。

## 练习题三

**1. 背景资料**

在某地区拟建装机容量为 2000kW 的电站，投资总额为 1656 万元。

**2. 问题**

用生产能力指数法计算装机容量为 2500kW 电站的投资额（设 $n=0.9$，$f=1$）。

## 练习题四

**1. 背景材料**

已建锂电池生产厂建设投资额为 13290 万元，其中建筑工程费 3310 万元、安装工程费 920 万元、设备费 8500 万元、其他工程费 350 万元、其他费用 210 万元。

现拟建同类型锂电池生产厂，其加工设备根据当地当时价格计算为 9300 万元，其他费用 3855 万元。由于时间变化，建筑安装及设备费均发生了变化，拟建项目的建筑工程费调整系数 $f_1$ 为 1.19，安装工程费调整系数 $f_2$ 为 1.05，其他工程费调整系数 $f_3$ 为 1.20。

**2. 问题**

用比例估算法计算拟建锂电池生产厂的投资额。

## 练习题五

**1. 背景资料**

拟建某液晶电视机生产厂，主要设备投资额为 26013 万元，管线、仪表、建筑物等费用估算系数 $\sum K_i$ 为 1.5，管理费、合同费、应急费等间接费在内的总估算系数 $K_c$ 为 1.16。

**2. 问题**

用朗格系数法计算拟建液晶电视机生产厂的总建设费用。

## 练习题六

根据表 2-5 某装配式混凝土结构办公楼投资估算指标，对同一地区拟建装配式混凝土结构类似办公楼进行投资估算。

表 2-5　某装配式混凝土结构办公楼投资估算指标

| 一、工程概况 | | | | | |
|---|---|---|---|---|---|
| 工程名称 | 办公楼 | 工程地点 | ××市 | 建筑面积 | 6900m² |
| 层　数 | 6 层 | 层　高 | 3.90m | 檐　高 | 24.85m |
| 结构类型 | 装配式 | 地耐力 | 180kPa | 地震裂度 | 6 度 |
| 土建部分 | 基础 | | C25 钢筋混凝土独立基础 | | |
| | 墙体 | 外墙 | PC 墙 | | |
| | | 内墙 | PC 墙 | | |
| | 柱 | | PC 柱 | | |

（续）

### 一、工程概况

| 工程名称 | 办公楼 | 工程地点 | ××市 | 建筑面积 | 6900m² |
|---|---|---|---|---|---|
| 层 数 | 6 层 | 层 高 | 3.90m | 檐 高 | 24.85m |
| 结构类型 | 装配式 | 地 耐 力 | 180kPa | 地震裂度 | 6 度 |

| | | | |
|---|---|---|---|
| 土建部分 | | 梁 | PC 叠合梁 |
| | | 板 | PC 叠合板 |
| | 地面 | 垫层 | 混凝土垫层 |
| | | 面层 | 花岗岩面层 |
| | 楼面 | | 木地板面层 |
| | 屋面 | | 水泥膨胀珍珠岩保温层，三元丁橡胶卷材防水层 |
| | 门窗 | | 成品实木门，铝合金推拉窗 |
| | 顶棚 | | 乳胶漆 |
| 安装部分 | 给排水 | | PE 给水管，PVC 排水管，蹲式大便器 |
| | 电气照明 | | 铜芯橡皮线、铜芯护套线，中央空调 |

### 二、每平方米综合造价指标
（单位：元/m²）

| 名称 | 综合指标 | 定额直接费 | | | | 间接费 | 税金 |
|---|---|---|---|---|---|---|---|
| | | 合计 | 人工费 | 材料费 | 机械费 | | |
| 工程造价 | 3186.40 | 2765.56 | 234.76 | 2390.92 | 139.88 | 154.01 | 266.83 |
| 土建 | 3126.20 | 2722.20 | 265.22 | 2319.05 | 137.93 | 145.87 | 258.13 |
| 给排水 | 19.15 | 14.43 | 5.71 | 8.10 | 0.62 | 3.14 | 1.58 |
| 电气照明 | 86.32 | 74.19 | 9.09 | 63.77 | 1.33 | 5.00 | 7.13 |

1. 背景资料

（1）拟建办公楼工程概况

建筑面积：7052m²，结构类型：装配式混凝土，层数：5，层高：3.8m。

土建部分做法：混凝土独立基础，装配式 PC 柱、PC 梁、PC 内墙、PC 外墙、叠合板，花岗岩地面，楼面木地板面层，屋面水泥膨胀珍珠岩保温层、三元丁橡胶卷材防水层，成品实木门，铝合金推拉窗，内墙乳胶漆，PE 给水管，PVC 排水管，蹲式大便器，中央空调。

（2）价格与间接费调整系数

本地区工程造价行政主管部门颁发人工费调整系数 1.05，材料价差综合调整系数 1.12，间接费调整系数 1.02。

（3）增值税率

$$增值税 = 税前造价 \times 增值税率（9\%）$$

2. 问题

根据上述条件计算拟建办公楼工程的以下内容：

（1）调整后人工费。

（2）调整后材料费。

（3）间接费。

（4）税金。

（5）投资估算造价。

 练习题七

1. 背景资料

某建设项目，建设期为 3 年，各年投资计划额如下：第一年贷款 8800 万元，第二年贷款 12700 万元，第三年贷款 4500 万元，年均投资价格上涨率为 6%。

2. 问题

求项目建设期间的涨价预备费。

# 第3章
## 设计方案优化

 学习目标

　　通过本章内容学习，熟悉价值工程设计方案的优化方法和设计方案的技术经济评价方法，会运用价值工程和技术经济评价方法优选设计方案。

# 3.1 运用价值工程优化设计方案

### 3.1.1 价值工程的概念

价值工程简称 VE（Value Engineering），它是一门科学的技术经济分析方法，是现代科学管理的组成部分，是研究用最少的成本支出，实现必要的功能，从而达到提高产品价值的一门科学。

VE 中的"价值"是功能与成本的综合反映，是二者的比值，即

$$价值 = \frac{功能（效用）}{成本（费用）}$$

或

$$V = \frac{F}{C}$$

一般来说，提高产品的价值，有以下 5 个途径：

① 功能提高，成本降低。这是最理想的途径。

② 功能不变，成本降低。

③ 成本不变，功能提高。

④ 成本略提高，带来功能大提高。

⑤ 功能略下降，带来成本大降低。

必须指出，价值分析并不是单纯追求降低成本，也不是片面追求提高功能，而是力求处理好功能与成本的对立统一关系，提高功能与成本的比值，研究产品功能和成本的最佳配置。

### 3.1.2 运用价值工程方法评价设计方案案例分析

1. 背景资料

某住宅工程有 4 个设计方案，需采用价值工程方法优选设计方案。

（1）住宅工程功能定义

通过设计人员和其他有关人员集体讨论，认为下列十个方面的功能表达了住宅工程各方面的要求：

① 平面布置。

② 采光通风。

③ 层高与层数。

④ 牢固耐久性。

⑤ "三防"设施（防火、防震、防空）。

⑥ 建筑造型。

⑦ 内外装饰（美观、实用、舒适）。

⑧ 环境设计（日照、绿化、景观等）。

⑨ 技术参数（使用面积系数、每户平均用地指标等）。

价值工程案例分析（一）

价值工程案例分析（二）

⑩ 便于设计与施工。

（2）住宅功能评价

由于上述十种功能在住宅功能中占有不同的地位，因而需要确定权重系数。确定权重系数的方法有很多种，这里采用用户、设计人员、施工人员按各自的权重共同评分的方法计算。

经过讨论，大家认为应着重考虑用户的意见，再结合设计人员和施工人员的意见综合评分，因此这三家意见权重分别为 55%、30%、15%，具体分值计算见表 3-1。

表 3-1　住宅工程功能权重系数计算表

| 功　能 | | 用户评分 | | 设计人员评分 | | 施工人员评分 | |
| --- | --- | --- | --- | --- | --- | --- | --- |
| | | 得分 $F_{ai}$ | $F_{ai} \times 55\%$ | 得分 $F_{bi}$ | $F_{bi} \times 30\%$ | 得分 $F_{ci}$ | $F_{ci} \times 15\%$ |
| 适用 | 平面布置 $F_1$ | 40 | 22 | 30 | 9 | 35 | 5.25 |
| | 采光通风 $F_2$ | 16 | 8.8 | 14 | 4.2 | 15 | 2.25 |
| | 层高与层数 $F_3$ | 2 | 1.1 | 4 | 1.2 | 3 | 0.45 |
| | 技术参数 $F_4$ | 6 | 3.3 | 3 | 0.9 | 2 | 0.30 |
| 安全 | 牢固耐久性 $F_5$ | 22 | 12.1 | 15 | 4.5 | 20 | 3.0 |
| | "三防"设施 $F_6$ | 4 | 2.2 | 5 | 1.5 | 3 | 0.45 |
| 美观 | 建筑造型 $F_7$ | 2 | 1.1 | 10 | 3.0 | 2 | 0.30 |
| | 内外装饰 $F_8$ | 3 | 1.65 | 8 | 2.4 | 1 | 0.15 |
| | 环境设计 $F_9$ | 4 | 2.2 | 6 | 1.8 | 6 | 0.90 |
| 其他 | 便于设计与施工 $F_{10}$ | 1 | 0.55 | 5 | 1.5 | 13 | 1.95 |
| 小　计 | | 100 | 55 | 100 | 30 | 100 | 15 |

（3）住宅方案工程成本

住宅方案工程成本见表 3-2。

表 3-2　住宅方案工程成本

| 方案名称 | 主　要　特　征 | 每平方米成本 /(元/m²) |
| --- | --- | --- |
| A | 7 层砖混结构，层高 3.0m，240mm 厚砖墙，钢筋混凝土灌注桩，外装饰较好，内装饰一般，卫生设施较好 | 534.00 |
| B | 6 层砖混结构，层高 2.9m，240mm 厚砖墙，混凝土带形基础，外装饰一般，内装饰较好，卫生设施一般 | 505.50 |
| C | 7 层砖混结构，层高 2.8m，240mm 厚砖墙，带形混凝土基础，外装饰较好，内装饰较好，卫生设施较好 | 553.50 |
| D | 5 层砖混结构，层高 2.8m，带形混凝土基础，240mm 厚砖墙，外装饰一般，内装饰较好，卫生设施一般 | 447.00 |
| 小　计 | | 2040.00 |

2. 问题

（1）计算住宅工程功能权重系数。

（2）计算住宅工程成本系数。

（3）计算住宅工程功能评价系数。

（4）评选最优设计方案。

3. 案例分析

应用价值工程方法评价设计方案的步骤为：

第一步，确定用户、设计人员和施工人员的意见权重。

第二步，计算住宅工程功能权重系数。

第三步，计算住宅工程成本系数。

第四步，计算住宅工程功能评价系数。

第五步，根据成本系数和功能评价系数计算住宅工程价值系数。

第六步，根据住宅工程价值系数确定住宅最优设计方案。

4. 答案

**问题（1）**：计算住宅工程功能权重系数。

用户、设计人员和施工人员的意见权重分别为 55%、30%、15%，按照表 3-3 中功能权重系数计算公式，计算住宅功能系数。

表 3-3  住宅功能权重系数计算表

| 功　　能 | | 用户评分 | | 设计人员评分 | | 施工人员评分 | | 功能权重系数 $K = \dfrac{F_{ai} \times 55\% + F_{bi} \times 30\% + F_{ci} \times 15\%}{100}$ |
| --- | --- | --- | --- | --- | --- | --- | --- | --- |
| | | 得分 $F_{ai}$ | $F_{ai} \times 55\%$ | 得分 $F_{bi}$ | $F_{bi} \times 30\%$ | 得分 $F_{ci}$ | $F_{ci} \times 15\%$ | |
| 适用 | 平面布置 $F_1$ | 40 | 22 | 30 | 9 | 35 | 5.25 | 0.3625 |
| | 采光通风 $F_2$ | 16 | 8.8 | 14 | 4.2 | 15 | 2.25 | 0.1525 |
| | 层高与层数 $F_3$ | 2 | 1.1 | 4 | 1.2 | 3 | 0.45 | 0.0275 |
| | 技术参数 $F_4$ | 6 | 3.3 | 3 | 0.9 | 2 | 0.30 | 0.0450 |
| 安全 | 牢固耐久性 $F_5$ | 22 | 12.1 | 15 | 4.5 | 20 | 3.0 | 0.1960 |
| | "三防" 设施 $F_6$ | 4 | 2.2 | 5 | 1.5 | 3 | 0.45 | 0.0415 |
| 美观 | 建筑造型 $F_7$ | 2 | 1.1 | 10 | 3.0 | 2 | 0.30 | 0.0440 |
| | 内外装饰 $F_8$ | 3 | 1.65 | 8 | 2.4 | 1 | 0.15 | 0.0420 |
| | 环境设计 $F_9$ | 4 | 2.2 | 6 | 1.8 | 6 | 0.90 | 0.0490 |
| 其他 | 便于设计与施工 $F_{10}$ | 1 | 0.55 | 5 | 1.5 | 13 | 1.95 | 0.0400 |
| 小　　计 | | 100 | 55 | 100 | 30 | 100 | 15 | 1.00 |

**问题（2）**：计算住宅工程成本系数。

依据下列成本系数计算公式，计算 A、B、C、D 四个住宅设计方案的成本系数，见表 3-4。

$$成本系数 = \frac{某方案每平方米成本}{所有评选方案每平方米成本之和}$$

表 3-4　住宅工程成本系数计算表

| 方案名称 | 主 要 特 征 | 每平方米成本 /（元/m²） | 成本系数 |
|---|---|---|---|
| A | 7 层砖混结构，层高 3.0m，240mm 厚砖墙，钢筋混凝土灌注桩，外装饰较好，内装饰一般，卫生设施较好 | 534.00 | 0.2618 |
| B | 6 层砖混结构，层高 2.9m，240mm 厚砖墙，混凝土带形基础，外装饰一般，内装饰较好，卫生设施一般 | 505.50 | 0.2478 |
| C | 7 层砖混结构，层高 2.8m，240mm 厚砖墙，带形混凝土基础，外装饰较好，内装饰较好，卫生设施较好 | 553.50 | 0.2713 |
| D | 5 层砖混结构，层高 2.8m，带形混凝土基础，240mm 厚砖墙，外装饰一般，内装饰较好，卫生设施一般 | 447.00 | 0.2191 |
| 小　计 | | 2040.00 | 1.00 |

**问题（3）：** 计算住宅工程功能评价系数。

（1）功能评价系数计算公式

$$功能评价系数 = \frac{某方案功能满足程度总分}{所有参加评选方案功能满足程度总分之和}$$

（2）计算 A、B、C、D 四个方案的功能评价系数

根据功能评价系数计算公式计算的住宅功能满足程度及功能评价系数见表 3-5。

表 3-5　住宅功能满足程度及功能评价系数计算表

| 评价因素 | | 方案名称 | A | B | C | D |
|---|---|---|---|---|---|---|
| 功能因素 $F$ | 权重系数 $K$ | | | | | |
| $F_1$ | 0.3625 | 方案满足程度分值 $E$ | 10 | 10 | 8 | 9 |
| $F_2$ | 0.1525 | | 10 | 9 | 10 | 10 |
| $F_3$ | 0.0275 | | 8 | 9 | 10 | 8 |
| $F_4$ | 0.0450 | | 7 | 9 | 8 | 8 |
| $F_5$ | 0.1960 | | 10 | 8 | 9 | 9 |
| $F_6$ | 0.0415 | | 10 | 10 | 9 | 10 |
| $F_7$ | 0.0440 | | 9 | 8 | 10 | 8 |
| $F_8$ | 0.0420 | | 9 | 9 | 10 | 8 |
| $F_9$ | 0.0490 | | 9 | 9 | 9 | 9 |
| $F_{10}$ | 0.0400 | | 8 | 10 | 9 | 9 |
| 方案总分 | | $\sum K \cdot E$ | 9.595 | 9.204 | 8.819 | 9.071 |
| 功能评价系数 | | $0.0273 \times \sum K \cdot E$ | 0.2619 | 0.2513 | 0.2408 | 0.2476 |

注：$1 \div 36.689 = 0.0273$。

**问题（4）：** 评选最优设计方案。

运用功能评价系数和成本系数计算价值系数，价值系数最大的那个方案为最优设计方案，见表 3-6。

$$价值系数 = \frac{功能评价系数}{成本系数}$$

表 3-6　住宅工程价值系数计算表

| 方案名称 | 功能评价系数 | 成本系数 | 价值系数 | 最优设计方案 |
|---|---|---|---|---|
| A | 0.2619 | 0.2618 | 1.0004 | |
| B | 0.2513 | 0.2478 | 1.0141 | |
| C | 0.2408 | 0.2713 | 0.8876 | |
| D | 0.2476 | 0.2191 | 1.1301 | √ |

5. 结论

通过比较，表 3-4 中的 D 方案为住宅工程最优设计方案。

# 3.2　设计方案的技术经济评价方法

设计方案技术经济评价的目的是，采用科学的方法，按照工程项目经济效果评价原则，用一个或一组评价指标，对设计方案的项目功能、造价、工期和设备、材料、人工消耗等方面进行定量与定性分析，从而择优确定技术经济效果好的设计方案。

## 3.2.1　计算费用法

计算费用法又叫最小费用法，是使用较为广泛的一种技术经济评价方法，它以货币量反映设计方案的物化劳动和活劳动量消耗的多少，来进行设计方案优劣的评价。计算费用最小的设计方案为最优方案。

对多方案进行分析对比时，其计算费用法的表达式为

$$C_{年} = K \times E + V$$
$$C_{总} = K + V \times t$$

式中　$C_{年}$——年计算费用；

　　　$C_{总}$——项目总计算费用；

　　　$K$——总投资额；

　　　$V$——年生产成本；

　　　$t$——投资回收期（年）；

　　　$E$——投资效果系数（即投资回收期的倒数）。

## 3.2.2　计算费用法案例分析

计算费用法
案例分析

1. 背景资料

某工程项目有 3 个设计方案，已知条件如下。

A 方案：投资总额 $K_A = 5000$ 万元，年生产成本 $V_A = 6600$ 万元。

B 方案：投资总额 $K_B = 5500$ 万元，年生产成本 $V_B = 6200$ 万元。

C 方案：投资总额 $K_C = 6000$ 万元，年生产成本 $V_C = 6000$ 万元。

标准投资回收期 $t_0 = 8$ 年，投资效果系数 $E = 0.125$。

2. 问题

试用计算费用法选出最优设计方案。

3. 案例分析

A 方案：

$$C_{年} = K_A \times E + V_A = (5000 \times 0.125 + 6600) 万元 = 7225 万元$$
$$C_{总} = K_A + V_A \times t_0 = (5000 + 6600 \times 8) 万元 = 57800 万元$$

B 方案：

$$C_{年} = K_B \times E + V_B = (5500 \times 0.125 + 6200) 万元 = 6887.5 万元$$
$$C_{总} = K_B + V_B \times t_0 = (5500 + 6200 \times 8) 万元 = 55100 万元$$

C 方案：

$$C_{年} = K_C \times E + V_C = (6000 \times 0.125 + 6000) 万元 = 6750 万元$$
$$C_{总} = K_C + V_C \times t_0 = (6000 + 6000 \times 8) 万元 = 54000 万元$$

4. 答案

由以上计算结果可见，C 方案的计算费用最低，所以，C 方案是最优设计方案。

从该方案可以看出，它的投资虽然最大，但投产后生产成本最低。因此，设计方案优劣不仅要考虑投资时的额度高低，还应考虑项目投产后生产成本的高低和经营效果，即投资效益的好坏。

### 3.2.3　多因素评分优选法

多因素评分优选法是对需要进行分析评价的各设计方案设定若干评价指标，并按其重要程度分配权重，然后按评价标准给各指标打分，将各项指标所得分数与其权重相乘并汇总，得出各设计方案的评价总分，选择总分最高者为最优设计方案的办法。其计算公式为

$$S = \sum_{i=1}^{n} S_i \cdot W_i$$

式中　$S$——设计方案总分；

　　　$S_i$——某评价指标的评分；

　　　$W_i$——某评价指标的权重；

　　　$i$——评价指标数。

### 3.2.4　多因素评分优选法案例分析

1. 背景资料

某工程项目有 4 个设计方案，各方案的各项指标评分及计算过程见表 3-7。

表 3-7　多因素评分优选法评分表

| 评价指标 | 权重 | 指标分等 | 标准分 | 方案评分（$S_i$） | | | |
|---|---|---|---|---|---|---|---|
| | | | | A | B | C | D |
| 单位造价 | 5 | 1. 低于正常水平 | 3 | 3 | | | 3 |
| | | 2. 正常水平 | 2 | | | 2 | |
| | | 3. 高于正常水平 | 1 | | 1 | | |

（续）

| 评价指标 | 权重 | 指标分等 | 标准分 | 方案评分（$S_i$） | | | |
|---|---|---|---|---|---|---|---|
| | | | | A | B | C | D |
| 建设投资 | 3 | 1. 低于正常水平 | 3 | 3 | | | 3 |
| | | 2. 正常水平 | 2 | | | 2 | |
| | | 3. 高于正常水平 | 1 | | 1 | | |
| 工期 | 4 | 1. 缩短工期 | 3 | | 3 | | |
| | | 2. 正常工期 | 2 | | | 2 | |
| | | 3. 延长工期 | 1 | 1 | | | 1 |
| 材料消耗量 | 3 | 1. 低于正常消耗量 | 3 | | | | |
| | | 2. 正常消耗量 | 2 | | 2 | 2 | 2 |
| | | 3. 高于正常消耗量 | 1 | 1 | | | |
| 劳动力消耗量 | 2 | 1. 低于正常消耗量 | 3 | | 3 | | |
| | | 2. 正常消耗量 | 2 | 2 | | 2 | |
| | | 3. 高于正常消耗量 | 1 | | | | 1 |
| 合计得分 | | | | | | | |

**2. 问题**

采用多因素评分优选法确定最优设计方案。

**3. 案例分析**

各设计方案所得总分如下。

A 方案：$S_A = \sum_{i=1}^{n} S_{Ai}W_i = 3 \times 5 + 3 \times 3 + 1 \times 4 + 1 \times 3 + 2 \times 2 = 35$ 分

B 方案：$S_B = \sum_{i=1}^{n} S_{Bi}W_i = 1 \times 5 + 1 \times 3 + 3 \times 4 + 2 \times 3 + 3 \times 2 = 32$ 分

C 方案：$S_C = \sum_{i=1}^{n} S_{Ci}W_i = 2 \times 5 + 2 \times 3 + 2 \times 4 + 2 \times 3 + 2 \times 2 = 34$ 分

D 方案：$S_D = \sum_{i=1}^{n} S_{Di}W_i = 3 \times 5 + 3 \times 3 + 1 \times 4 + 2 \times 3 + 1 \times 2 = 36$ 分

**4. 答案**

根据计算结果，D 方案总分最高，则 D 方案为最优设计方案。

## 练 习 题

### 练习题一

**1. 背景资料**

某装配式混凝土建筑住宅单位工程，有 A、B、C 三个设计方案，建筑设计师、结构工程师、造价工程师等有关专家决定从四个方面（分别以 $F_1 \sim F_4$ 表示）对不同方案功能进行评价，并对各功能的重要性达成以下共识：$F_2$ 相对于 $F_3$ 很重要，$F_2$ 相对于 $F_4$ 较重要，$F_4$ 相对于 $F_3$ 较重要，$F_1$ 和 $F_4$ 同样重要。此外，各专家提出了三个设计方案，得出的数据见表 3-8。

表 3-8　各专家提出三个设计方案的数据资料

| 方案功能 | 各方案功能得分 | | |
|---|---|---|---|
| | **A** | **B** | **C** |
| $F_1$ | 10 | 9 | 7 |
| $F_2$ | 8 | 10 | 8 |
| $F_3$ | 9 | 8 | 9 |
| $F_4$ | 9 | 10 | 10 |
| 每平方米造价/（元/m²） | 2780 | 2860 | 2650 |

**2. 问题**

（1）用 0~4 评分法，计算各功能的权重。

（2）计算各方案的成本系数、功能评价系数和价值系数，并确定最优设计方案。

**练习题二**

**1. 背景资料**

某工程项目有 4 个设计方案，已知条件如下。

A 方案：投资总额 $K_A = 7800$ 万元，年生产成本 $V_A = 7700$ 万元。

B 方案：投资总额 $K_B = 8100$ 万元，年生产成本 $V_B = 7200$ 万元。

C 方案：投资总额 $K_C = 8000$ 万元，年生产成本 $V_C = 7600$ 万元。

标准投资回收期 $t_0 = 9$ 年，投资效果系数 $E = 0.125$。

**2. 问题**

试用计算费用法选出最优设计方案。

**练习题三**

**1. 背景资料**

某工程项目有 3 个设计方案，各方案的各项指标评分及计算过程见表 3-9。

表 3-9　多因素评分优选法评分表

| 评价指标 | 权重 | 指标分等 | 标准分 | 方案评分 | | | |
|---|---|---|---|---|---|---|---|
| | | | | A | B | C | D |
| 单位造价 | 5 | 1. 低于正常水平 | 3 | 3 | | 3 | 3 |
| | | 2. 正常水平 | 2 | | 2 | | |
| | | 3. 高于正常水平 | 1 | | | | |
| 建设投资 | 3 | 1. 低于正常水平 | 3 | 3 | 3 | | |
| | | 2. 正常水平 | 2 | | | 2 | 2 |
| | | 3. 高于正常水平 | 1 | | | | |

（续）

| 评价指标 | 权重 | 指标分等 | 标准分 | 方案评分 | | | |
|---|---|---|---|---|---|---|---|
| | | | | A | B | C | D |
| 工期 | 4 | 1. 缩短工期 | 3 | | 3 | | |
| | | 2. 正常工期 | 2 | | | 2 | |
| | | 3. 延长工期 | 1 | 1 | | | 1 |
| 材料消耗量 | 3 | 1. 低于正常消耗量 | 3 | | | | 3 |
| | | 2. 正常消耗量 | 2 | 2 | | 2 | |
| | | 3. 高于正常消耗量 | 1 | | 1 | | |
| 劳动力消耗量 | 3 | 1. 低于正常消耗量 | 3 | | | 3 | |
| | | 2. 正常消耗量 | 2 | 2 | | | 2 |
| | | 3. 高于正常消耗量 | 1 | | 1 | | |
| 合计得分 | | | | | | | |

2. 问题

采用多因素评分优选法确定最优设计方案。

# 第4章

## 建设工程定额

 学习目标

通过本章内容学习，熟悉劳动定额、材料消耗量定额和机械台班消耗量定额编制方法，了解企业定额编制方法，会编制预算定额（计价定额）和单位估价表。

# 4.1 建设工程定额编制方法概述

## 4.1.1 建设工程定额的概念

**1. 定额的概念**

定额是工程造价行政主管部门颁发的用于规定完成单位建筑安装产品所需消耗的人力、物力和财力的数量标准。

定额反映了在一定社会生产力水平条件下，施工企业的生产技术水平和管理水平。

**2. 建设工程定额**

建设工程定额是直接用于工程计价的定额或指标，包括劳动定额、材料消耗量定额、机械台班消耗量定额、施工定额、工期定额、预算定额、概算定额、概算指标、投资估算指标和费用定额。

**3. 建设工程定额之间的关系**

施工定额依据劳动定额、材料消耗量定额和机械台班消耗量定额综合编制。

预算定额依据施工定额或者劳动定额、材料消耗量定额和机械台班消耗量定额综合编制。

概算定额依据预算定额综合编制。

概算指标依据已完工程结算综合编制。

投资估算指标依据概算指标综合编制。

费用定额依据企业典型工程成本测算资料和国家税法规定综合编制。

## 4.1.2 劳动定额编制方法

在取得现场测定资料后，一般采用下列计算公式编制劳动定额。

$$N = \frac{N_{基} \times 100}{100 - (N_{辅} + N_{准} + N_{息} + N_{断})}$$

式中　$N$——单位产品时间定额；

$N_{基}$——完成单位产品的基本工作时间；

$N_{辅}$——辅助工作时间占全部定额工作时间的百分比；

$N_{准}$——准备与结束时间占全部定额工作时间的百分比；

$N_{息}$——休息时间占全部定额工作时间的百分比；

$N_{断}$——不可避免的中断时间占全部定额工作时间的百分比。

## 4.1.3 材料消耗量定额编制方法

**1. 砌块消耗量计算方法**

$$每\,m^3\,砌体砌块净用量 = \frac{1\,m^3}{墙厚 \times (砌块长 + 灰缝) \times (砌块厚 + 灰缝)} \times 分母体积中砌块的数量$$

$$砂浆净用量 = 1\,m^3 - 砌块净用量 \times 砌块的单位体积$$

2. 标准砖消耗量计算方法

灰砂砖的尺寸为 240mm × 115mm × 53mm，其材料用量计算公式为

$$每\ m^3\ 砌体灰砂砖净用量 = \frac{1m^3}{墙厚 \times (砖长 + 灰缝) \times (砖厚 + 灰缝)} \times 墙厚的砖数 \times 2$$

$$灰砂砖总消耗量 = \frac{净用量}{1 - 损耗率}$$

$$砂浆净用量 = 1m^3 - 灰砂砖净用量 \times 0.24 \times 0.115 \times 0.053$$

$$砂浆总消耗量 = \frac{净用量}{1 - 损耗率}$$

3. 块料面层消耗量计算方法

每 100m² 块料和砂浆消耗量计算公式：

$$每\ 100m^2\ 块料面层净用量 = \frac{100}{(块料长 + 灰缝) \times (块料宽 + 灰缝)}$$

$$每\ 100m^2\ 块料面层总消耗量 = \frac{净用量}{1 - 损耗率}$$

$$每\ 100m^2\ 结合层砂浆净用量 = 100m^2 \times 结合层厚度$$

$$每\ 100m^2\ 结合层砂浆总消耗量 = \frac{净用量}{1 - 损耗率}$$

$$每\ 100m^2\ 块料面层灰缝砂浆净用量 = (100 - 块料长 \times 块料宽 \times 块料净用量) \times 灰缝深$$

$$每\ 100m^2\ 块料面层灰缝砂浆总消耗量 = \frac{净用量}{1 - 损耗率}$$

4. 卷材铺设消耗量计算方法

一般卷材铺设项目预算定额的定额单位为 100m²。计算消耗量时首先要确定每卷成品卷材的面积，然后要注意长边与短边的搭接宽度和损耗率，其计算公式为

$$每\ 100m^2\ 卷材净用量 = \frac{每卷面积 \times 100m^2}{(卷材宽 - 长边搭接长度) \times (卷材长 - 短边搭接长度)}$$

$$卷材消耗量 = \frac{卷材净用量}{1 - 损耗率}$$

5. 预制构件模板摊销量计算方法

预制构件模板是按多次使用、平均摊销的方法计算模板摊销量，其计算公式为

$$模板一次使用量 = 1m^3\ 构件模板接触面积 \times 1m^2\ 接触面积模板净用量 \times \frac{1}{1 - 损耗率}$$

$$模板摊销量 = \frac{一次使用量}{周转次数}$$

### 4.1.4　机械台班消耗量定额编制方法

1. 确定机械纯工作 1h 的正常生产率

机械纯工作 1h 的正常生产率，就是在正常施工条件下，由具备一定技能的技术工人操作施工机械净工作 1h 的劳动生产率。

确定机械纯工作 1h 正常生产率可分三步进行。

第一步，计算机械循环一次的正常延续时间。计算公式为

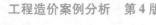

机械循环一次正常延续时间 = 在循环内各组成部分延续时间之和

第二步，计算机械纯工作 1h 的循环次数，计算公式为

$$机械纯工作 1h 循环次数 = \frac{60 \times 60 秒}{一次循环的正常延续时间}$$

第三步，求机械纯工作 1h 的正常生产率，计算公式为

机械纯工作 1h 正常生产率 = 机械纯工作 1h 正常循环次数 × 一次循环的产品数量

**2. 确定机械正常利用系数**

确定机械正常利用系数，首先要计算工作班在正常状况下，准备与结束工作、机械开动、机械维护等工作必须消耗的时间，以及有效工作的开始与结束时间，然后再计算机械工作班的纯工作时间，最后确定机械正常利用系数。机械正常利用系数按下列公式计算

$$机械正常利用系数 = \frac{工作班内机械纯工作时间}{机械工作班延续时间}$$

**3. 确定机械台班定额消耗量**

机械台班消耗量定额计算公式为

施工机械台班产量定额 = 机械纯工作 1h 正常生产率 × 工作班延续时间 × 机械正常利用系数

### 4.1.5　预算定额编制方法

**1. 确定计量单位**

选择定额计量单位时应当考虑计量单位能确切地反映单位产品的工料消耗量，要有利于减少定额项目，有利于简化工程量计算。

**2. 确定消耗量指标**

确定预算定额消耗量指标，一般按以下步骤进行：

为什么要计算工程量

（1）按选定的典型工程施工图及有关资料计算工程量。

（2）确定人工消耗指标。

（3）确定材料消耗指标。

（4）确定机械台班消耗指标。

预算定额中配合工人班组施工的施工机械，按工人小组的产量计算台班产量。

当分项工程的人工、材料、机械台班消耗量指标确定后，就可以着手编制预算定额项目表。

## 4.2　建设工程定额案例分析

### 4.2.1　劳动定额编制案例分析

**1. 背景资料**

某工程水泥砂浆抹地面面层的现场测定资料：基本工作时间 1450 工分/50m²，辅助工作时间占全部工作时间的 3%，准备与结束工作时间占全部工作时间的 2%，不可避免的中断时间占全部工作时间的 2.5%，休息时间占全部工作时间的 10%。

2. 问题

计算每 $100m^2$ 水泥砂浆地面抹灰的时间定额和产量定额。

3. 案例分析

根据背景资料和公式计算每 $100m^2$ 水泥砂浆地面抹灰的时间定额。

$$抹\,100m^2\,水泥砂浆地面的时间定额 = \left( \frac{1450 \times 100}{100 - (3 + 2 + 2.5 + 10) \div 50 \times 100} \right) 工分$$

$$= 3515\,工分$$

$$= 58.58\,工时$$

$$= 7.32\,工日$$

抹水泥砂浆地面的时间定额为 $7.32$ 工日$/100m^2$。

$$抹水泥砂浆地面的产量定额 = \frac{1}{7.32} 工日 \times 100m^2 = 13.7m^2/工日$$

4. 答案

抹水泥砂浆地面的产量定额为 $13.7m^2/$工日。

### 4.2.2　标准砖砌体材料消耗量计算案例分析

1. 背景资料

某工程 240mm 厚外墙采用 240mm × 115mm × 53mm 灰砂砖砌筑，灰缝 10mm 厚，砖损耗率 1.5%，砂浆损耗率 1.2%。

2. 问题

计算 $1m^3$ 240mm 厚砖墙灰砂砖和砂浆的总消耗量。

3. 案例分析

（1）计算灰砂砖净用量

$$每\,m^3\,砖墙灰砂砖净用量 = \left[ \frac{1}{0.24 \times (0.24 + 0.01) \times (0.053 + 0.01)} \times 1 \times 2 \right] 块$$

$$= 529.1\,块$$

（2）计算灰砂砖总消耗量

$$每\,m^3\,砖墙灰砂砖总消耗量 = \frac{529.1}{1 - 1.5\%} 块 = 537.16\,块$$

（3）计算砂浆净用量

$$每\,m^3\,砌体砂浆净用量 = (1 - 529.1 \times 0.24 \times 0.115 \times 0.053) m^3 = 0.226m^3$$

（4）计算砂浆总消耗量

$$每\,m^3\,砌体砂浆总消耗量 = \frac{0.226}{1 - 1.2\%} m^3 = 0.229m^3$$

4. 答案

$1m^3$ 240mm 厚砖墙灰砂砖用量 537.16 块，砂浆的总消耗量 $0.229m^3$。

### 4.2.3　砌块砌体材料消耗量计算案例分析

1. 背景资料

某工程 190mm 厚砌块墙采用 390mm × 190mm × 190mm 混凝土空心砌块砌筑，灰缝

10mm，砌块与砂浆的损耗率均为 1.8%。

2. 问题

计算 $1m^3$ 190mm 厚墙的混凝土空心砌块和砂浆总消耗量。

3. 案例分析

（1）计算混凝土空心砌块总消耗量

$$每\ m^3\ 砌体空心砌块净用量 = \left[\frac{1}{0.19 \times (0.39 + 0.01) \times (0.19 + 0.01)} \times 1\right]块$$
$$= 65.8\ 块$$

$$每\ m^3\ 砌体空心砌块总消耗量 = \left(\frac{65.8}{1 - 1.8\%}\right)块 = 67.0\ 块$$

（2）计算砂浆总消耗量

$$每\ m^3\ 砖体砂浆净用量 = (1 - 65.8 \times 0.19 \times 0.19 \times 0.39)m^3$$
$$= 0.074m^3$$

$$每\ m^3\ 砌体砂浆总消耗量 = \frac{0.074}{1 - 1.8\%}m^3 = 0.075m^3$$

4. 答案

$1m^3$ 190mm 厚墙的混凝土空心砌块总消耗量 67.0 块，砂浆总消耗量 $0.075m^3$。

### 4.2.4 块料面层和砂浆消耗量计算案例分析

1. 背景资料

某工程用水泥砂浆贴 500mm × 500mm × 15mm 花岗岩板地面，结合层 5mm 厚，灰缝 1mm 宽，花岗岩板材损耗率 2%，砂浆损耗率 1.5%。

2. 问题

计算每 $100m^2$ 花岗岩地面的花岗岩和砂浆总消耗量。

3. 案例分析

（1）计算花岗岩总消耗量

$$每\ 100m^2\ 地面花岗岩净消耗量 = \left[\frac{100}{(0.5 + 0.001) \times (0.5 + 0.001)}\right]块$$
$$= 398.4\ 块$$

$$每\ 100m^2\ 地面花岗岩总消耗量 = \frac{398.4}{1 - 2\%}块 = 406.5\ 块$$

（2）计算砂浆总消耗量

$$每\ 100m^2\ 花岗岩地面结合层砂浆净用量 = (100 \times 0.005)m^3 = 0.5m^3$$
$$每\ 100m^2\ 花岗岩地面灰缝砂浆净用量 = [(100 - 0.5 \times 0.5 \times 398.4) \times 0.015]m^3$$
$$= 0.006m^3$$

$$砂浆总消耗量 = \frac{0.5 + 0.006}{1 - 1.5\%}m^3 = 0.514m^3$$

4. 答案

每 $100m^2$ 地面贴 500mm × 500mm × 15mm 花岗岩板，花岗岩总消耗量 406.5 块，砂浆总消耗量 $0.514m^3$。

### 4.2.5 卷材消耗量计算案例分析

1. 背景资料

屋面油毡卷材防水，卷材规格 $0.915m \times 21.86m \approx 20m^2$，铺卷材时，长边搭接 160mm，短边搭接 110mm，损耗率 1%。

2. 问题

计算屋面每 $100m^2$ 防水油毡卷材的消耗量。

3. 案例分析

$$每 100m^2 卷材净用量 = \frac{20 \times 100}{(0.915 - 0.16) \times (21.86 - 0.11)}m^2$$
$$= 121.79m^2$$

$$每 100m^2 卷材消耗量 = \frac{121.79}{1 - 1\%}m^2 = 123.02m^2$$

4. 答案

屋面每 $100m^2$ 防水油毡卷材消耗量为 $123.02m^2$。

### 4.2.6 预制构件模板摊销量计算案例分析

1. 背景资料

某工程选定的预制过梁标准图计算出，每 $m^3$ 构件的模板接触面积为 $10.16m^2$，每 $m^2$ 接触面积的模板净用量 $0.095m^3$，模板损耗率 5%，模板周转 28 次。

2. 问题

计算每 $1m^3$ 预制过梁的模板摊销量。

3. 案例分析

（1）计算模板一次使用量

$$模板一次使用量 = \left(10.16 \times 0.095 \times \frac{1}{1 - 5\%}\right)m^3 = 1.016m^3$$

（2）计算模板摊销量

$$每 1m^3 预制过梁模板摊销量 = \frac{1.016}{28}m^3 = 0.036m^3$$

4. 答案

每 $1m^3$ 预制过梁的模板摊销量为 $0.036m^3$。

### 4.2.7 确定机械纯工作 1h 的正常生产率案例分析

1. 背景资料

某轮胎式起重机吊装大型屋面板，每次吊装一块，经过现场计时观察，测得循环一次的各组成部分的平均延续时间如下：挂钩时的停车时间为 30.2s，将屋面板吊至 15m 高耗时 95.6s，将屋面板下落就位耗时 54.3s，解钩时的停车时间为 38.7s，回转悬臂、放下吊绳空回至构件堆放处耗时 51.4s。

2. 问题

（1）计算机械循环一次的正常延续时间。

（2）计算机械纯工作 1h 的循环次数。

（3）计算机械纯工作 1h 的正常生产率。

3. 案例分析

（1）计算机械循环一次的正常延续时间

根据背景资料将各组成部分的延续时间相加，就是轮胎式起重机循环一次的正常延续时间。

$$轮胎式起重机循环一次的正常延续时间 = (30.2 + 95.6 + 54.3 + 38.7 + 51.4)s$$
$$= 270.2s$$

（2）计算机械纯工作 1h 的循环次数

根据以上计算结果，计算轮胎式起重机纯工作 1h 的循环次数。

$$轮胎式起重机纯工作 1h 循环次数 = \frac{60 \times 60}{270.2}次 = 13.32 次$$

（3）计算机械纯工作 1h 的正常生产率

$$轮胎式起重机纯工作 1h 正常生产率 = (13.32 \times 1)块 = 13.32 块$$

4. 答案

轮胎式起重机纯工作 1h 正常生产率为 13.32 块。

### 4.2.8　确定机械台班定额消耗量案例分析

1. 背景资料

某轮胎式起重机吊装大型屋面板，机械纯工作 1h 的正常生产率为 13.32 块，工作班 8h 内实际工作时间 7.2h。

2. 问题

（1）计算机械正常利用系数。

（2）计算机械台班产量定额。

（3）计算机械台班时间定额。

3. 案例分析

（1）机械正常利用系数

$$机械正常利用系数 = \frac{7.2}{8} = 0.9$$

（2）机械台班产量定额

$$轮胎式起重机台班产量定额 = (13.32 \times 8 \times 0.9)块/台班 = 96 块/台班$$

（3）机械台班时间定额

$$轮胎式起重机台班时间定额 = \frac{1}{96}台班/块 = 0.01 台班/块$$

4. 答案

某轮胎式起重机吊装大型屋面板，机械正常利用系数为 0.9，机械台班产量定额为 96 块/台班，机械台班时间定额为 0.01 台班/块。

### 4.2.9　企业定额编制案例分析

1. 背景资料

甲、乙、丙三项工程，楼地面铺地砖的现场统计和测定资料如下：

（1）地面砖装饰面积及房间数量见表4-1。

表4-1 甲、乙、丙三项工程地面砖装饰面积及房间数量

| 工程名称 | 地面砖装饰面积/m² | 装饰房间数量/间 | 本工程占建筑装饰工程百分比（%） |
| --- | --- | --- | --- |
| 甲 | 850 | 42 | 41 |
| 乙 | 764 | 50 | 53 |
| 丙 | 1650 | 5 | 6 |

（2）地面砖及砂浆用量。根据现场取得测定资料，地面砖尺寸为500mm×500mm×8mm，损耗率2%；水泥砂浆黏结层厚10mm，灰缝宽1mm，砂浆损耗率为1.5%。

（3）按甲、乙、丙工程施工图计算出应另外增加或减少的铺地面砖面积，见表4-2。

表4-2 另外增加或减少的铺地面砖面积

| 工程名称 | 门洞开口处增加面积/m² | 附墙柱、独立柱减少面积/m² | 房间数/间 | 本工程占建筑装饰工程百分比（%） |
| --- | --- | --- | --- | --- |
| 甲 | 10.81 | 2.66 | 42 | 41 |
| 乙 | 14.23 | 4.01 | 50 | 53 |
| 丙 | 2.61 | 3.34 | 5 | 6 |

（4）按现场观察资料确定时间消耗量，见表4-3。

表4-3 时间消耗量

| 基本用工 | 数量 | 辅助用工 | 数量 |
| --- | --- | --- | --- |
| 铺设地面砖用工 | 1.215 工日/10m² | 筛砂子用工 | 0.208 工日/m³ |
| 调制砂浆用工 | 0.361 工日/m³ | | |
| 运输砂浆用工 | 0.213 工日/m³ | | |
| 运输地砖用工 | 0.156 工日/10m² | | |

（5）施工机械台班量确定方法见表4-4。

表4-4 施工机械台班量确定方法

| 机械名称 | 台班量确定 |
| --- | --- |
| 砂浆搅拌机 | 按小组配置，根据小组产量确定台班量 |
| 石料切割机 | 每小组2台，按小组配置，根据小组产量确定台班量 |

注：铺地砖工人小组按12人配置。

2. 问题
（1）叙述楼地面工程地砖项目企业定额的编制步骤。
（2）计算楼地面工程地砖项目的材料消耗量。
（3）计算楼地面工程地砖项目的人工消耗量。
（4）计算楼地面工程地砖项目的机械台班消耗量。

3. 案例分析
本案例要求掌握编制企业定额的具体方法。首先，要了解企业定额由劳动定额、材料消

耗量定额、机械台班消耗量定额构成;定额的水平应该是平均先进水平。其次,要知道编制企业定额的各个项目是根据典型工程的工程量计算确定其加权平均材料消耗量。如铺地砖的加权平均单间面积的计算公式为

$$加权平均单间面积 = \frac{甲工程面积}{甲工程房间数} \times 占装饰工程百分比 + \frac{乙工程面积}{乙工程房间数}$$
$$\times 占装饰工程百分比 + \cdots\cdots$$

然后,要掌握每$100m^2$的块料用量和砂浆用量的计算公式

$$每100m^2 地砖的块料用量 = \frac{100m^2}{(地砖长 + 灰缝宽) \times (地砖宽 + 灰缝宽) \times (1 - 损耗率)}$$

$$每100m^2 地砖结合层的砂浆用量 = \frac{100m^2 \times 结合层厚}{1 - 损耗率}$$

$$每100m^2 地砖灰缝的砂浆用量 = \frac{(100m^2 - 地砖净用量 \times 单块地砖面积) \times 灰缝深}{1 - 损耗率}$$

在计算该项目的机械台班消耗量时,应根据小组总产量确定,其计算公式为

$$每100m^2 地砖机械台班消耗量 = \frac{1}{小组总产量} \times 100m^2$$

4. 答案

**问题(1)**

编制楼地面工程地砖项目企业定额的主要步骤如下。

(1)确定计量单位为$m^2$,扩大计量单位为$100m^2$。

(2)选择有代表性的楼地面工程地砖项目的典型工程,并采用加权平均的方法计算单间装饰面积。

(3)确定材料规格、品种和损耗率。

(4)根据现场测定资料计算材料、人工、机械台班消耗量。

(5)制订楼地面工程地砖项目的企业定额。

**问题(2)**

(1)计算加权平均单间面积

$$加权平均单间面积 = \frac{850m^2}{42} \times 41\% + \frac{764m^2}{50} \times 53\% + \frac{1650m^2}{5} \times 6\%$$
$$= 36.2m^2$$

(2)计算地砖、砂浆消耗量

$$每100m^2 地砖的块料用量 = \frac{100m^2}{[(0.50 + 0.001) \times (0.50 + 0.001)]m^2/块 \times (1 - 2\%)}$$
$$= 406.54 块$$

$$每100m^2 地砖结合层的砂浆用量 = \frac{100m^2 \times 0.01m}{1 - 1.5\%} = 1.015m^3$$

$$每100m^2 地砖灰缝的砂浆用量 = \frac{(100 - 0.5 \times 0.5 \times 398.41)m^2 \times 0.008m}{1 - 1.5\%} = 0.003m^3$$

每$100m^2$地砖砂浆用量小计:$(1.015 + 0.003)m^3 = 1.018m^3$

(3)调整地砖和砂浆用量

企业定额的工程量计算规则规定,地砖楼地面工程量按地面净长乘以净宽计算,不扣除

附墙柱、独立柱及 0.3m² 以内孔洞所占面积，但门洞开口处面积也不增加。根据上述规定，在制订企业定额时应调整地砖和砂浆用量。

$$每 100m^2 地砖的块料用量 = \frac{典型工程加权平均单位面积 + 调整面积}{典型工程加权平均单间面积} \times 每 100m^2 地砖用量$$

$$= \frac{36.20 + \left(\frac{10.81-2.66}{42} \times 41\% + \frac{14.23-4.01}{50} \times 53\% + \frac{2.61-3.34}{5} \times 6\%\right)}{36.20}$$

$$\times 406.54 \ 块$$

$$= 408.55 \ 块$$

$$每 100m^2 地砖的砂浆用量 = \frac{典型工程加权平均单间面积 + 调整面积}{典型工程加权平均单间面积} \times 每 100m^2 砂浆用量$$

$$= 1.0049 \times 1.018m^3$$

$$= 1.023m^3$$

**问题（3）**

（1）计算基本用工

铺地砖用工 = 1.215 工日/10m² = 12.15 工日/100m²

调制砂浆用工 = 0.361 工日/m³ × 1.023m³/100m² = 0.369 工日/100m²

运输砂浆用工 = 0.213 工日/m³ × 1.023m³/100m² = 0.218 工日/100m²

运输地砖用工 = 0.156 工日/10m² = 1.56 工日/100m²

基本用工量小计：（12.15 + 0.369 + 0.218 + 1.56）工日/m² = 14.297 工日/100m²

（2）计算辅助用工

筛砂子用工 = 0.208 工日/m³ × 1.023m³/100m² = 0.213 工日/100m²

用工量小计：（14.297 + 0.213）工日/100m² = 14.51 工日/100m²

**问题（4）**

$$铺地砖的产量定额 = \frac{1}{时间定额}$$

$$= \frac{1}{14.51 \ 工日/100m^2}$$

$$= 6.89m^2/工日$$

$$每 100m^2 地砖砂浆搅拌机台班量 = \frac{1}{小组总产量} \times 100m^2$$

$$= \frac{1}{(6.89 \times 12)m^2/台班} \times 100m^2$$

$$= 1.209 \ 台班$$

$$每 100m^2 地砖面料切割机台班量 = 1.209 \ 台班 \times 2 = 2.418 \ 台班$$

### 4.2.10　预算定额编制案例分析

**1. 背景资料**

根据典型工程测算出 240mm 厚标准砖（双面清水）内墙的有关数据如下：门窗洞口面积占外墙面积为 7.45%，混凝土板头占砖墙体积为 1.52%，砌砖墙砖工时间定额为 1.12 工日/m³，砌砖墙辅工为砖工时间定额的39%，建筑材料超运距用工为0.035工日/m³，标准砖损耗率为1%，砌筑砂浆损耗率为1%，人工幅度差为10%，采用200L砂浆搅拌机搅拌砌筑砂浆。

2. 问题

计算砌筑1m³ 240mm厚标准砖（双面清水）内墙的以下消耗量，并编制预算定额项目表。

（1）定额人工工日数。

（2）标准砖消耗量。

（3）砂浆消耗量。

（4）机械台班消耗量。

（5）编制预算定额项目表。

3. 答案

（1）定额人工工日数

$$定额用工 = 砖工工日 + 辅工工日$$
$$= 1.12\ 工日/m^3 \times (1 + 39\%)$$
$$= 1.56\ 工日/m^3$$

其中辅工工日 = 1.12 工日/m³ × 0.39 = 0.44 工日/m³

（2）标准砖消耗量

$$标准砖净用量 = \left(\frac{1}{0.24 \times 0.25 \times 0.063} \times 2\right) 块 = 529.1\ 块$$

$$扣除板头体积后的标准砖净用量 = 标准砖净用量 \times (1 - 板头占墙体积百分比)$$
$$= 529.1\ 块 \times (1 - 1.52\%)$$
$$= 521.06\ 块$$

$$标准砖总消耗量 = \frac{521.06\ 块}{1 - 1\%} = 526.32\ 块$$

（3）砂浆消耗量

$$砂浆净用量 = (1 - 529.1 \times 0.24 \times 0.115 \times 0.053) m^3 = 0.226 m^3$$

$$扣除板头体积后的砂浆净用量 = 0.226 m^3 \times (1 - 1.52\%)$$
$$= 0.223 m^3$$

$$砂浆总消耗量 = \frac{0.223 m^3}{1 - 1\%} = 0.225 m^3$$

（4）机械台班消耗量

由于砂浆搅拌机是配合工人班组使用的，因此预算定额项目中配合工人班组施工的施工机械台班按小组产量计算。

劳动定额规定砌砖工人小组由22人组成，小组总产量计算如下：

$$小组总产量 = 22 \times 1.14\ 工日/m^3$$
$$= 25.08\ 工日/m^3$$

$$砂浆搅拌机产量定额 = \frac{定额计量单位值}{小组总产量} = \frac{1}{25.08\ 工日/m^3} = 0.04\ 台班/m^3$$

（5）编制预算定额项目表

根据上述计算结果和背景资料编制砂浆砌240mm厚标准砖内墙的预算定额项目，见表4-5。

表 4-5　预算定额项目表　　　　　　　　　　　（单位：m³）

| 定额编号 | | | ××× | ××× |
|---|---|---|---|---|
| 项目 | | 单位 | 内墙 | |
| | | | 1 砖 | 1/2 砖 |
| 人工 | 砖工 | 工日 | 1.12 | …… |
| | 辅工 | 工日 | 0.44 | …… |
| | 小计 | 工日 | 1.56 | …… |
| 材料 | 标准砖 | 块 | 526 | …… |
| | 砂浆 | m³ | 0.225 | …… |
| 机械 | 砂浆搅拌机 200L | 台班 | 0.04 | …… |

### 4.2.11　企业管理费率案例分析

**1. 背景资料**

某施工企业年均工日单价为 24.25 元，全年有效施工天数为 250d，建安工人占全员人数的 85%，人工费占直接费的 11.5%，该企业全员人均年开支企业管理费为 2060 元。

**2. 问题**

（1）求以直接费为基础的企业管理费率。

（2）求以人工费为基础的企业管理费率。

**3. 案例分析**

间接费定额是指与建筑安装产品生产无直接关系，而为整个企业维持正常经营活动所产生的各项费用开支的标准。

间接费定额一般以取费基础和费率来表示，取费基础一般以直接费或人工费为基础。

（1）以直接费为计算基础，其计算公式为

$$企业管理费率 = \frac{建安生产工人每人每年平均管理费开支}{全年有效施工天数 \times 平均工日单价} \times 人工费占直接费的百分比$$

（2）以人工费为计算基础，其计算公式为

$$企业管理费率 = \frac{建安生产工人每人每年平均管理费开支}{全年有效施工天数 \times 平均工日单价} \times 100\%$$

**4. 答案**

**问题（1）**

$$以直接费为基础的企业管理费率 = \frac{2060 \div 85\%}{250 \times 24.25} \times 11.5\% = 4.60\%$$

**问题（2）**

$$以人工费为基础的企业管理费费率 = \frac{2060 \div 85\%}{250 \times 24.25} \times 100\% = 40\%$$

### 4.2.12　建筑工程单位估价表编制案例分析

**1. 背景资料**

（1）某地区建筑工程预算定额（单位估价表摘录）见表 4-6。

表4-6 建筑工程预算定额（单位估价表摘录）

工程内容：略

| 定额编号 | | | 定-5 | 定-6 |
|---|---|---|---|---|
| 定额单位 | | | 100m² | 100m² |
| 项目 | 单位 | 单价/元 | C15 混凝土地面面层（60mm 厚） | 1:2.5 水泥砂浆抹砖墙面（底层 13mm 厚、面层 7mm 厚） |
| 基价 | 元 | — | 1191.28 | 888.44 |
| 其中 人工费 | 元 | — | 332.50 | 385.00 |
| 材料费 | 元 | — | 833.51 | 451.21 |
| 机械费 | 元 | — | 25.27 | 52.23 |
| 人工 基本工 | d | 25.00 | 9.20 | 13.40 |
| 其他工 | d | 25.00 | 4.10 | 2.00 |
| 合度 | d | 25.00 | 13.30 | 15.40 |
| 材料 C15 混凝土（砾石粒径 0.5～4mm） | m³ | 136.02 | 6.06 | — |
| 1:2.5 水泥砂浆 | m³ | 210.72 | — | 2.10（底层：1.39 / 面层：0.71） |
| 其他材料费 | 元 | — | — | 4.50 |
| 水 | m³ | 0.60 | 15.38 | 6.99 |
| 机械 200L 砂浆搅拌机 | 台班 | 15.92 | — | 0.28 |
| 400L 混凝土搅拌机 | 台班 | 81.52 | 0.31 | — |
| 塔式起重机 | 台班 | 170.61 | — | 0.28 |

（2）某地区塑性混凝土配合比表（摘录）见表4-7。

表4-7 塑性混凝土配合比表（摘录） （单位：m³）

| 定额编号 | | | 附-9 | 附-10 | 附-11 | 附-12 | 附-13 | 附-14 |
|---|---|---|---|---|---|---|---|---|
| 项目 | 单位 | 单价/元 | 粗集料最大粒径 40mm | | | | | |
| | | | C15 | C20 | C25 | C30 | C35 | C40 |
| 基价 | 元 | | 136.02 | 146.98 | 162.63 | 172.41 | 181.48 | 199.18 |
| 材料 32.5 级水泥 | kg | 0.30 | 274 | 313 | — | — | — | — |
| 42.5 级水泥 | kg | 0.35 | — | — | 313 | 343 | 370 | — |
| 52.5 级水泥 | kg | 0.40 | — | — | — | — | — | 368 |
| 中砂 | m³ | 38.00 | 0.49 | 0.46 | 0.46 | 0.42 | 0.41 | 0.41 |
| 粒径 0.5～4mm 砾石 | m³ | 40.00 | 0.88 | 0.89 | 0.89 | 0.91 | 0.91 | 0.91 |

2. 问题

（1）某工程设计要求室内混凝土地面面层 80mm 厚，采用 C20 混凝土，根据背景资料计算符合要求的定额基价和材料用量。

（2）叙述楼地面混凝土定额基价换算的特点及总的换算思路。

3. 案例分析

本案例的要点是预算定额应用中楼地面混凝土定额基价的换算。该类型定额基价换算的判断方法如下。

（1）定额单位是 m³ 时，要判断混凝土厚度有无变化。若有变化，就要换算人工费、机械费，人工费、机械费换算系数按下式确定。

$$人工费、机械费换算系数 = \frac{设计厚度}{定额厚度}$$

（2）判断是否要换算混凝土配合比。若要换算就要找到对应的混凝土配合比定额。

（3）厚度变化后，还应判断混凝土中的石子粒径；如果设计要求的厚度比定额中的厚度薄，还应确定适合的石子粒径，从而确定合适的混凝土配合比定额。

（4）换入混凝土用量计算公式如下。

$$换入混凝土用量 = \frac{设计厚度}{定额厚度} \times 定额混凝土用量$$

（5）楼地面混凝土定额基价的换算公式为

换算后定额基价 = 原定额基价 + （定额人工费 + 定额机械费）

　　　　　　× （人工费、机械费换算系数 − 1） + 换入混凝土用量

　　　　　　× 换入混凝土单价 − 原定额混凝土用量 × 定额混凝土单价

楼地面混凝土定额换算后的材料用量计算公式为

换算后的定额材料用量 = 换算后的混凝土用量 × 对应配合比各种用量

4. 答案

**问题（1）**

换算定额号为"定-5"，换算用混凝土配合比定额为"附-9""附-10"。

（1）石子粒径确定：由于设计厚度大于定额厚度，所以石子粒径不变。

（2）换入混凝土用量为

$$换入混凝土用量 = \frac{80}{60} \times 6.06 \, m^3 = 8.08 \, m^3$$

（3）人工费、机械费换算系数为

$$人工费、机械费换算系数 = \frac{80}{60} = 1.333$$

（4）换算后定额基价。

$$
\begin{aligned}
换算后定额基价 &= \big[ 1191.28 + (332.50 + 25.27) \times (1.333 - 1) \\
&\quad + 8.08 \times 146.98 - 6.06 \times 136.02 \big] 元/100m^2 \\
&= 1673.73 \ 元/100m^2
\end{aligned}
$$

（5）材料用量分析。

32.5 级水泥：$(8.08 \times 313) kg/100m^2 = 2529.04 kg/100m^2$

中砂：$(8.08 \times 0.46) m^3/100m^2 = 3.717 m^3/100m^2$

粒径 0.5 ~ 4mm 砾石：$(8.08 \times 0.89) m^3/100m^2 = 7.19 m^3/100m^2$

**问题（2）**

楼地面混凝土定额基价换算的特点是：定额以 100m² 为单位，当设计厚度与定额规定厚度不同时，就要换算混凝土用量，由于混凝土用量的变化进而引起人工费、机械费的调

整。总的换算思路是：以原定额基价为基价，根据厚度变化调整人工费、机械费和混凝土用量，换入新的混凝土用量及材料费，换出原定额混凝土用量及材料费。

### 4.2.13 预算定额基价换算案例分析

**1. 背景资料**

（1）某地区建筑工程预算定额（单位估价表摘录）见表4-6。

（2）某地区建筑工程单位估价表采用的抹灰砂浆配合比表（摘录）见表4-8。

表4-8 抹灰砂浆配合比表（摘录） （单位：m³）

| 定额编号 | | | 附-5 | 附-6 | 附-7 | 附-8 |
|---|---|---|---|---|---|---|
| 项目 | 单位 | 单价/元 | 水泥砂浆 | | | |
| | | | 1:1.5 | 1:2 | 1:2.5 | 1:3 |
| 基价 | 元 | — | 254.4 | 230.02 | 210.72 | 182.82 |
| 材料 32.5级水泥 | kg | 0.30 | 734.0 | 635.0 | 558.0 | 465.0 |
| 中砂 | m³ | 38.00 | 0.90 | 1.04 | 1.14 | 1.14 |

**2. 问题**

（1）某工程施工图设计要求1:2水泥砂浆砖墙面抹灰，底层14mm厚，面层8mm厚，根据上述背景资料进行定额基价换算。

（2）叙述抹灰砂浆换算的特点。

**3. 案例分析**

**问题（1）**

（1）将1:2.5水泥砂浆换成1:2水泥砂浆。

（2）人工费、机械费换算系数 = 22/20 = 1.10

（3）换入砂浆用量 = $2.10m^3 \times 22/20m^3 = 2.31m^3$

（4）计算换算后定额基价，根据"定-6""附-6""附-7"换算。

$$换算后定额基价 = [888.44 + (385.00 + 52.23) \times (1.10 - 1)$$
$$+ 2.31 \times 230.02 - 2.10 \times 210.72]元/100m^2$$
$$= 1021.00 元/100m^2$$

（5）换算后材料用量

32.5级水泥：$(2.31 \times 635)kg/100m^2 = 1466.85kg/100m^2$

中砂：$(2.31 \times 1.04)m^3/100m^2 = 2.402m^3/100m^2$

**问题（2）**

抹灰砂浆换算时由于抹灰厚度发生变化，因此抹灰砂浆用量和人工费、机械费也会发生变化。其特点是人工费、机械费和砂浆用量按比例调整。

### 4.2.14 单位估价表编制案例分析

**1. 背景资料**

（1）建筑装饰工程预算定额中的花岗岩楼地面预算定额见表4-9。

表 4-9　花岗岩楼地面预算定额

| 定额编号 | | | 11-25 |
|---|---|---|---|
| 项目 | | 单位 | 花岗岩楼地面/100m² |
| 人工 | 综合用工 | 工日 | 20.57 |
| 材料 | 花岗岩板 | m² | 102.00 |
| | 1:2 水泥砂浆 | m³ | 2.20 |
| | 白水泥 | kg | 10.00 |
| | 素水泥浆 | m³ | 0.10 |
| | 棉纱头 | kg | 1.00 |
| | 锯木屑 | m³ | 0.60 |
| | 石料切割锯片 | 片 | 0.42 |
| | 水 | m³ | 2.60 |
| 机械 | 200L 砂浆搅拌机 | 台班 | 0.37 |
| | 2t 内塔式起重机 | 台班 | 0.74 |
| | 石料切割机 | 台班 | 1.60 |

（2）某地区人工、材料、机械台班单价如下。

人工：25 元/工日，花岗岩板材：250 元/m²，1:2 水泥砂浆：230.02 元/m³，白水泥：0.50 元/kg，素水泥浆：461.70 元/m³，棉纱头：5.0 元/kg，锯木屑：8.50 元/m³，石料切割锯片：70.00 元/片，水：0.60 元/m³，200L 砂浆搅拌机：15.92 元/台班，2t 内塔式起重机：170.61 元/台班，石料切割机：18.41 元/台班。

2. 问题

（1）什么是单位估价表？它与预算定额有什么区别？

（2）单位估价表根据什么编制？

（3）根据上述背景资料，编制花岗岩楼地面定额子目的单位估价表。

3. 案例分析

完成本案例要求的内容，首先要知道单位估价表的作用，其次要弄清楚单位估价表的编制依据，最后要掌握编制单位估价表的方法。

单位估价表根据预算定额和地区人工、材料、机械台班单价编制，最终目的是计算出项目的定额基价。其计算公式为

$$定额基价 = 人工费 + 材料费 + 机械使用费$$

式中　　　　　$$人工费 = \sum（定额分项工日数 \times 工日单价）$$

$$材料费 = \sum（定额分项材料量 \times 材料单价）$$

$$机械使用费 = \sum（定额分项机械台班量 \times 台班单价）$$

单位估价表的编制步骤如下。

（1）确定编制单位估价表的定额项目。

（2）收集本地区人工、材料、机械台班单价。

（3）根据预算定额项目中的定额人工数量乘以人工单价，计算出人工费，填入单位估价表中的"人工费"一栏。

（4）根据预算定额项目中的定额材料用量分别乘以材料单价，汇总后填入单位估价表中的"材料费"一栏。

（5）根据预算定额项目中的定额机械台班用量分别乘以台班单价，汇总后填入单位估价表中的"机械费"一栏。

（6）将人工费、材料费、机械台班费汇总后填入单位估价表的"基价"栏。

4. 答案

问题（1）

单位估价表是根据预算定额项目中的人工、材料、机械台班消耗量，分别乘以地区人工单价、材料单价、机械台班单价，汇总成定额基价，供采用单位估价法编制施工图预算用的估价表。与预算定额相比，单位估价表既包括了人工、材料、机械台班消耗量，又包括了对应的地区单价，主要区别是单位估价表含有定额基价，而预算定额不反映货币量。

问题（2）

单位估价表的编制依据主要有两个方面：一是预算定额项目中的人工消耗量、各种材料消耗量和机械台班使用量；二是地区人工单价、材料单价和机械台班单价。

问题（3）

根据背景资料，花岗岩楼地面定额子目的单位估价表计算过程见表4-10。

表4-10　预算定额项目基价（单位估价）计算表

| 定额编号 | | | 11-25 | 计算式 |
|---|---|---|---|---|
| 项目 | 单位 | 单价/元 | 花岗岩楼地面/100m² | |
| 基价 | 元 | — | 26774.12 | 基价 = (514.25 + 26098.27 + 161.60)元<br>= 26774.12 元 |
| 其中 人工费 | 元 | | 514.25 | — |
| 材料费 | 元 | — | 26098.27 | |
| 机械费 | 元 | | 161.60 | |
| 综合用工 | 工日 | 25.00 | 20.57 | 人工费 = (20.57 × 25)元 = 514.25 元 |
| 材料 花岗岩板材 | m² | 250.00 | 102.00 | 材料费：<br>(102.00 × 250.00)元 = 25500 元 |
| 1:2 水泥砂浆 | m³ | 230.02 | 2.20 | (2.20 × 230.02)元 = 506.04 元 |
| 白水泥 | kg | 0.50 | 10.00 | (10.00 × 0.50)元 = 5.00 元 |
| 素水泥浆 | m³ | 461.70 | 0.10 | (0.10 × 461.70)元 = 46.17 元 |
| 棉纱头 | kg | 5.00 | 1.00 | (1.00 × 5.00)元 = 5.00 元 |
| 锯木屑 | m³ | 8.50 | 0.60 | (0.60 × 8.50)元 = 5.10 元 |
| 石料切割锯片 | 片 | 70.00 | 0.42 | (0.42 × 70.00)元 = 29.40 元 |
| 水 | m³ | 0.60 | 2.60 | (2.60 × 0.60)元 = 1.56 元<br>材料费合计 = 26098.27 元 |
| 机械 200L 砂浆搅拌机 | 台班 | 15.92 | 0.37 | 机械费：<br>(0.37 × 15.92)元 = 5.89 元 |
| 2t 内塔式起重机 | 台班 | 170.61 | 0.74 | (0.74 × 170.61)元 = 126.25 元 |
| 石料切割机 | 台班 | 18.41 | 1.60 | (1.60 × 18.41)元 = 29.46 元<br>机械费合计 = 161.60 元 |

练习题一

1. 背景资料

采用技术测定法取得人工手推双轮车运输标准砖的数据如下。

运距：80m，双轮车装载量：100 块/次，工作日作业时间：405min，每车装卸时间：9min，往返一次运输时间：2.80min，工作日准备与结束工作时间：23min，工作日休息时间：40min，工作日不可避免中断时间：16min。

技术测定法

2. 问题

（1）计算每日单车运输次数。

（2）计算每运 1000 块标准砖的作业时间。

（3）计算准备与结束工作时间、休息时间、不可避免中断时间分别占作业时间的百分比。

（4）计算每运 1000 块标准砖的时间定额。

 练习题二

1. 背景资料

某框架结构填充墙采用混凝土空心砌块砌筑，墙厚 190mm，空心砌块尺寸 390mm × 190mm × 190mm，损耗率 1.2%，砌块墙的砂浆灰缝为 10mm，砂浆损耗率为 1.3%。

2. 问题

（1）计算 1m³ 190mm 厚混凝土空心砌块墙的砌块净用量和全部消耗量。

（2）计算 1m³ 190mm 厚混凝土空心砌块墙的砂浆净用量和全部消耗量。

 练习题三

1. 背景资料

根据预制混凝土平板标准图计算出每 10m³ 平板模板接触面积为 26.33m²，经测算每 10m² 模板接触面积的模板净用量 1.65m³，模板制作损耗率 4%，周转次数为 28 次。

2. 问题

计算每 1m³ 预制混凝土平板的模板摊销量。

 练习题四

1. 背景资料

使用 1:2 水泥砂浆贴 600mm × 600mm × 12mm 花岗岩板地面，灰缝宽 1mm，水泥砂浆黏结层 5mm 厚，花岗岩板损耗率 2.5%，水泥砂浆损耗率 1.5%。

2. 问题

（1）计算每贴 100m² 地面花岗岩板材的消耗量。

（2）计算每贴 100m² 地面花岗岩板材的黏结层砂浆和灰缝砂浆消耗量。

 练习题五

1. 背景资料

某屋面采用油毡卷材防水层，卷材规格 0.915m × 21.86m ≈ 20m²，铺卷材时，长边搭接 180mm，短边搭接 130mm，损耗率 1.2%。

2. 问题

计算每 100m² 屋面防水油毡卷材的消耗量。

 练习题六

1. 背景资料

A、B、C 三个典型工程楼地面铺地砖的现场统计和测定资料如下。

（1）装饰面积及房间数量见表 4-11。

表 4-11 装饰面积及房间数量

| 典型工程 | 地面砖装饰面积/m² | 装饰房间数量/间 | 本工程占建筑装饰工程百分比（%） |
|---|---|---|---|
| A | 1800 | 55 | 61 |
| B | 2764 | 41 | 33 |
| C | 4600 | 8 | 6 |

（2）地面砖及砂浆用量：根据现场取得的测定资料，地面砖尺寸为 600mm × 600mm × 10mm，损耗率 2.4%；水泥砂浆黏结层 10mm 厚，灰缝 1mm 宽，砂浆损耗率均为 1.8%。

（3）按 A、B、C 典型工程施工图计算出应另外增加或减少的地面砖面积，见表 4-12。

表 4-12 应另外增加或减少的地面砖面积

| 典型工程 | 门洞开口处增加面积/m² | 附墙柱、独立柱减少面积/m² | 房间数/间 | 本工程占建筑装饰工程百分比（%） |
|---|---|---|---|---|
| A | 89.1 | 12.4 | 55 | 61 |
| B | 64.2 | 9.1 | 41 | 33 |
| C | 2.8 | 5.3 | 8 | 6 |

（4）按现场观察资料确定的时间消耗量数据见表 4-13。

表 4-13 时间消耗量数据

| 基本用工 | 数量 | 辅助用工 | 数量 |
|---|---|---|---|
| 铺设地面砖用工 | 1.2 工日/10m² | 筛砂子用工 | 0.22 工日/m³ |
| 调制砂浆用工 | 0.35 工日/m³ | | |
| 运输砂浆用工 | 0.24 工日/m³ | | |
| 运输地砖用工 | 0.14 工日/10m² | | |

（5）施工机械台班量确定方法见表4-14。

表4-14　施工机械台班量确定方法

| 机械名称 | 台班量确定 |
|---|---|
| 砂浆搅拌机 | 按小组配置，根据小组产量确定台班量 |
| 石料切割机 | 每小组2台，按小组配置，根据小组产量确定台班量 |

注：铺地砖工人小组按12人配置。

2. 问题

（1）叙述楼地面项目企业定额的编制步骤。

（2）计算楼地面地砖项目的材料消耗量。

（3）计算楼地面地砖项目的人工消耗量。

（4）计算楼地面地砖项目的机械台班消耗量。

 练习题七

1. 背景资料

（1）建筑工程预算定额中砖基础子目见表4-15。

表4-15　定额中砖基础子目

| 定额编号 | | 4-1 | |
|---|---|---|---|
| 项目 | | 单位 | 砖基础/10m³ |
| 人工 | 综合用工 | 工日 | 12.18 |
| 材料 | 标准砖 | 块 | 523.6 |
| | M10水泥砂浆 | m³ | 2.36 |
| | 水 | m³ | 1.05 |
| 机械 | 200L砂浆搅拌机 | 台班 | 0.39 |
| | 2t内塔式起重机 | 台班 | 0.54 |

（2）某地区人工、材料、机械台班单价如下。

人工：30元/工日，标准砖：0.15元/块，M10水泥砂浆：130.23元/m³，水：0.60元/m³，200L砂浆搅拌机：18.98元/台班，2t内塔式起重机：190.88元/台班。

2. 问题

（1）什么是单位估价表？它与预算定额有什么区别？

（2）单位估价表根据什么编制？

（3）根据上述背景资料，编制砖基础定额子目的单位估价表。

 练习题八

1. 背景资料

某施工企业年均工日单价150元，全年有效施工天数为265天，建安工人占全员人数的87%，人工费占直接费的15.4%，该企业全员人均年开支企业管理费为2671元。

2. 问题

（1）计算以直接费为基础的企业管理费。

（2）计算以人工费为基础的企业管理费。

 练习题九

1. 背景资料

某工程施工图设计地面采用 60mm 厚 C20 混凝土；抹砖墙面底层是 15mm 厚 1:3 水泥砂浆、面层是 6mm 厚 1:1.5 水泥砂浆。

2. 问题

（1）根据背景资料选用本地区建筑工程预算单位估价表（计价定额）。

（2）根据上述背景资料的描述列出分项工程项目。

（3）若不能直接套用本地区预算定额单位估价表（计价定额），应对上述分项工程项目进行基价换算。

# 第5章

## 工程量清单

 学习目标

通过本章的学习，了解工程量清单的概念，熟悉工程量清单的编制内容，掌握工程量清单的编制方法，会根据施工图和《建设工程工程量清单计价规范》（GB 50500—2013）、《房屋建筑与装饰工程工程量计算规范》（GB 50854—2013）的要求，计算分部分项工程量和编制招标工程量清单。

## 5.1 工程量清单概述

### 5.1.1 工程量清单

工程量清单是指建设工程的分部分项工程项目、措施项目、其他项目、规费项目和税金项目的名称和相应数量等的明细清单。

工程量清单是招标工程量清单和已标价工程量清单的统称。

招标工程量清单是指招标人依据国家标准、招标文件、设计文件以及施工现场实际情况编制的，随招标文件发布供投标报价的工程量清单。

已标价工程量清单是指构成合同文件组成部分的投标文件中已标明价格，经算术性错误修正（如有）且承包人已确认的工程量清单，包括对其的说明和表格。

### 5.1.2 工程量计算规范

工程量计算规范根据每个项目的计算特点并考虑到计价定额的有关规定，设置了每个清单工程量项目的项目名称、项目特征、计量单位、工程量计算规则和工作内容。

### 5.1.3 招标工程量清单内容

招标工程量清单，主要包括六部分内容。即，分部分项工程量清单、单价措施项目清单、总价措施项目清单、其他项目清单、规费项目清单和税金项目清单。

1. 分部分项工程量清单

2013 年住建部共颁布了 9 个专业的工程量计算规范。包括：《房屋建筑与装饰工程工程量计算规范》（GB 50854—2013），《仿古建筑工程工程量计算规范》（GB 50855—2013），《通用安装工程工程量计算规范》（GB 50856—2013），《市政工程工程量计算规范》（GB 50857—2013），《园林绿化工程工程量计算规范》（GB 50858—2013），《矿山工程工程量计算规范》（GB 50859—2013），《构筑物工程工程量计算规范》（GB 50860—2013），《城市轨道交通工程工程量计算规范》（GB 50861—2013），《爆破工程工程量计算规范》（GB 50862—2013）。一般情况下，一个民用建筑或工业建筑（单项工程），需要使用房屋建筑与装饰工程、通用安装工程等工程量计算规范。

每个分部分项工程量清单项目包括"项目编码、项目名称、项目特征、计量单位、工程量计算规则、工作内容"六大要素。

（1）项目编码 分部分项工程和措施清单项目的编码共 12 位。其中前 9 位由工程量计算规范确定，后 3 位由清单编制人确定。其中，第 1、2 位是专业工程编码，第 3、4 位是分章（分部工程）编码，第 5、6 位是分节编码，第 7、8、9 位是分项工程编码，第 10、11、12 位是工程量清单项目顺序码。例如，工程量清单编码 010401001001 的含义如下（图 5-1）：

（2）项目名称 项目名称栏目内列入了分部分项工程清单项目的简略名称。通过该项

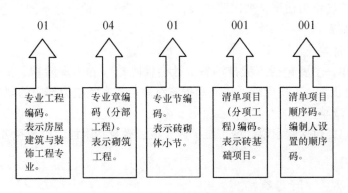

图 5-1 工程量清单项目编码示意图

目的"项目特征"描述后，项目内容就很完整了，所以，在表述完整的清单项目名称时，就需要使用项目特征的内容来描述。

（3）项目特征 项目特征是构成分部分项工程项目、措施项目自身价值的本质特征。

这里的"价值"可以理解为每个分部分项工程和措施项目都在产品生产中起到不同的、有效的作用，即体现它们的有用性。

（4）计量单位 工程量计算规范规定，分部分项工程清单项目以"t""m""m$^2$""m$^3$""kg"等物理单位，以"个""件""根""组""系统"等自然单位为计量单位。

（5）工程量计算规则 工程量计算规则规范了清单工程量的计算方法。例如，内墙砖基础长度，按内墙净长计算的工程量计算规则的规定，就确定了内墙基础长度的计算方法。

（6）工作内容 每个分部分项工程清单项目都有对应的工作内容。通过工作内容我们可以知道该项目需要完成哪些工作任务。

计算工程量三要素
（工程量计算规则）

工作内容具有两大功能：一是通过对分部分项工程清单项目工作内容的解读，可以判断施工图中的清单项目是否列全了；二是在编制清单项目的综合单价时，可以根据该项目的工作内容判断需要几个定额项目组合才完整计算了综合单价。

2. 单价措施项目清单

单价措施项目，是指可以根据施工图、工程量计算规则，计算出工程量并且可以编制综合单价的项目。例如，脚手架措施项目，可以计算工程量，也可以套用消耗量定额，最终能通过编制综合单价计算。

3. 总价措施项目清单

总价措施项目，是指只能用规定的费用计算基数和对应的费率计算的措施项目。例如，安全文明施工费等。

4. 其他项目清单

其他项目清单，应根据拟建工程的具体情况确定。一般包括暂列金额、暂估价（包括材料暂估价、工程设备暂估单价、专业工程暂估价）、计日工、总承包服务费。暂列金额应根据工程特点，按有关计价规定估算。暂估价中的材料费、工程设备暂估单价，应根据工程造价信息或参照市场价格估算，列出明细表；专业工程暂估价应分不同专业，按有关计价规定估算，列出明细表。

5. 规费项目清单

规费项目清单，主要包括工程排污费，社会保障费（养老保险费、失业保险费、医疗保险费），住房公积金，工伤保险。还应根据省级政府或有关权力部门的规定列项。

6. 税金项目清单

税金项目清单，包括营业税、城市维护建设税、教育费附加，以及税务部门规定的其他项目。

### 5.1.4 招标工程量清单格式

1. 招标工程量清单的内容构成

招标工程量清单，包括封面、扉页、总说明、分部分项工程和措施项目计价表（包括分部分项工程和单价措施项目清单与计价表、总价措施项目清单与计价表）、其他项目计价表（包括其他项目清单与计价汇总表、暂列金额明细表、材料暂估单价及调整表、专业工程暂估价及结算价表、计日工表、总承包服务费计价表）、规费、税金项目计价表。

2. 招标工程量清单表格填写要求

1）招标工程量清单由招标人编制和填写。

2）总说明应填写下列内容：

① 工程概况，包括建设规模、工程特征、计划工期、施工现场情况、交通状况、自然地理条件、环境保护要求等。

② 工程分包范围。

③ 工程量清单编制依据。

④ 工程质量、工程材料、施工技术等要求。

⑤ 招标人采购的材料名称、规格、型号和数量。

⑥ 暂列金额和材料暂估价的说明。

⑦ 其他需要说明的问题。

### 5.1.5 招标工程量清单的编制

1. 分部分项工程量清单编制

根据《建设工程工程量清单计价规范》（GB 50500—2013）和《房屋建筑与装饰工程工程量计算规范》（GB 50854—2013）等计量规范及施工图，计算清单工程量，编制出分部分项工程量清单。

2. 单价措施项目清单编制

根据《房屋建筑与装饰工程工程量计算规范》（GB 50854—2013）等计量规范及施工图，计算单价措施项目清单工程量，编制单价措施项目清单。

3. 总价措施项目清单

总价措施项目清单是只能用规定的费用计算基数和对应的费率计算的措施项目清单，如按规定编制的安全文明施工费、二次搬运费等。

4. 其他项目清单

（1）招标人部分　编制招标人确定的暂列金额和材料或工程暂估价清单，作为今后工程变更所需资金的储备。当工程发生了变更且经业主同意后，才能使用暂列金额，没有用完的归业主所有。

（2）承包商部分　如果承包商完成了投标价以外的项目，业主就要根据计日工的单价支付承包商费用。

5. 规费项目清单

规费项目中的"五险一金"等都是规定的计算内容，在工程量清单中列出。

6. 税金项目清单

按规定列出应计算的营业税、城市维护建设税、教育费附加、地方教育附加的项目，供投标人根据本企业工程取费等级确定综合税率。

7. 招标工程量清单编制示意图

招标工程量清单编制示意如图 5-2 所示。

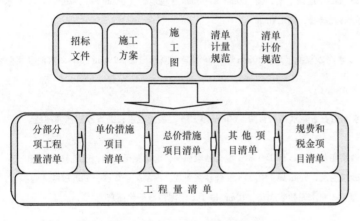

图 5-2　招标工程量清单编制示意图

计算工程量三要素
（施工图）

## 5.2　工程量清单案例分析

1. 背景资料

某单位接待室工程施工图设计说明及施工图，如图 5-3，图 5-4 所示。

2. 问题

根据《建设工程工程量清单计价规范》（GB 50500—2013）、《房屋建筑与装饰工程工程量计算规范》（GB 50854—2013）和某单位接待室工程施工图设计说明及施工图，编制某单位接待室工程招标工程量清单。

3. 答案

根据《建设工程工程量清单计价规范》（GB 50500—2013）、《房屋建筑与装饰工程工程量计算规范》（GB 50854—2013）和某单位接待室工程施工图设计说明及施工图，编制的某单位接待室工程的招标工程量清单。

---

**接待室工程施工图设计说明**

1. 结构类型及标高

本工程为砖混结构工程。室内地坪标高 ±0.000m，室外地坪标高 −0.300m。

2. 基础

M5 水泥砂浆砌砖基础，C20 混凝土基础垫层 200mm 厚，位于 −0.060m 处做 20mm 厚 1:2 水泥砂浆防潮层（加质量分数为 6% 的防水粉）。

3. 墙、柱

M5 混合砂浆砌砖墙、砖柱。

4. 地面

基层素土回填夯实，80mm 厚 C15 混凝土地面垫层，铺 400mm×400mm 浅色地砖（10mm 厚），20mm 厚 1:2 水泥砂浆黏结层，20mm 厚 1:2 水泥砂浆贴瓷砖踢脚线，高 150mm。

5. 屋面

预制空心屋面板上铺 30mm 厚 1:3 水泥砂浆找平层，40mm 厚 C20 混凝土刚性屋面，20mm 厚 1:2 水泥砂浆防水层（加质量分数为 6% 的防水粉）。

6. 台阶、散水

C15 混凝土基层，15mm 厚 1:2 水泥白石子浆水磨石台阶。60mm 厚 C15 混凝土散水，沥青砂浆塞伸缩缝。

7. 墙面、天棚

内墙：18mm 厚 1:0.5:2.5 混合砂浆底灰，8mm 厚 1:0.3:3 混合砂浆面灰，满刮腻子 2 遍，刷乳胶漆 2 遍。

天棚：12mm 厚 1:0.5:2.5 混合砂浆底灰，5mm 厚 1:0.3:3 混合砂浆面灰，满刮腻子 2 遍，刷乳胶漆 2 遍。

外墙面、梁柱面水刷石：15mm 厚 1:2.5 水泥砂浆底灰，10mm 厚 1:2 水泥白石子浆面灰。

8. 门、窗

实木装饰门：M—1、M—2 洞口尺寸均为 900mm×2400mm。

塑钢推拉窗：C—1 洞口尺寸 1500mm×1500mm，C—2 洞口尺寸 1100mm×1500mm。

9. 现浇构件

圈梁：C20 混凝土，钢筋 HRB400：Φ12，116.80m；HPB300：φ6.5，122.64m。

矩形梁：C20 混凝土，钢筋 HRB400：Φ14，18.41kg；HRB400：Φ12，9.02kg；HPB300：φ6.5，8.70kg。

---

图 5-3 某单位接待室工程施工图设计说明

**编制内容、步骤如下：**

**第一步：接待室工程建筑、装饰工程量清单列项**

方法：根据《房屋建筑与装饰工程工程量计算规范》（GB 50854—2013）和某单位接待室工程施工图设计说明及施工图，按房屋建筑与装饰工程工程量计算规范顺序列项。见表 5-1。

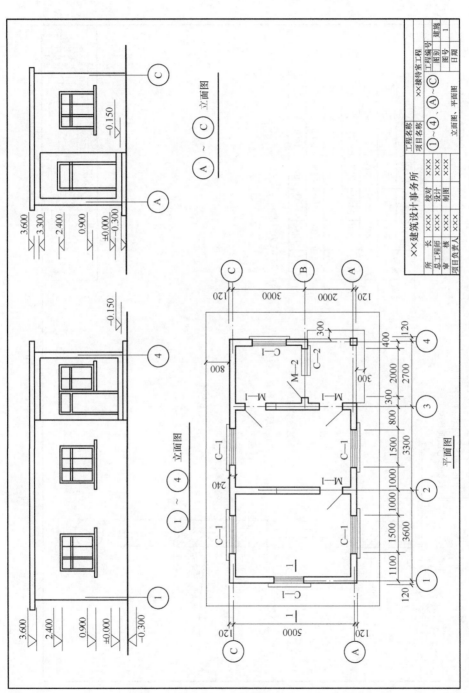

图 5-4　某单位接待室工程施工图

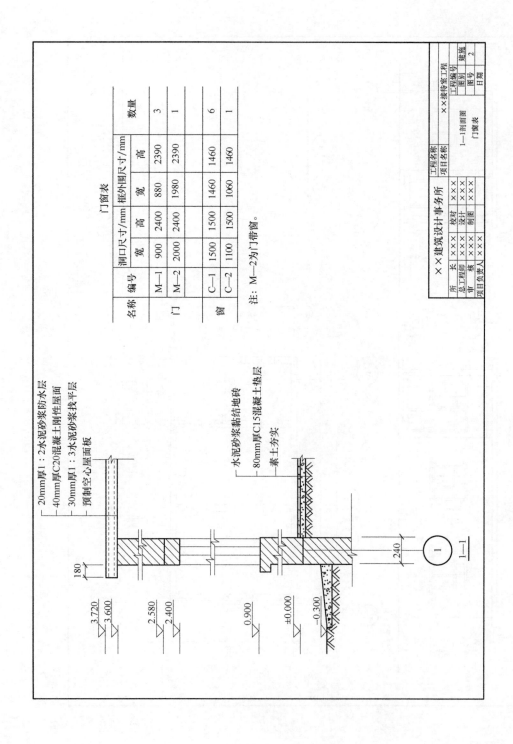

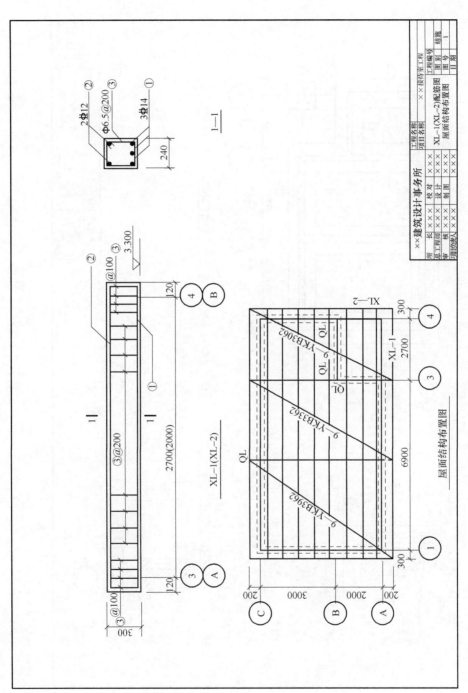

图 5-4　某单位接待室工程施工图（续）

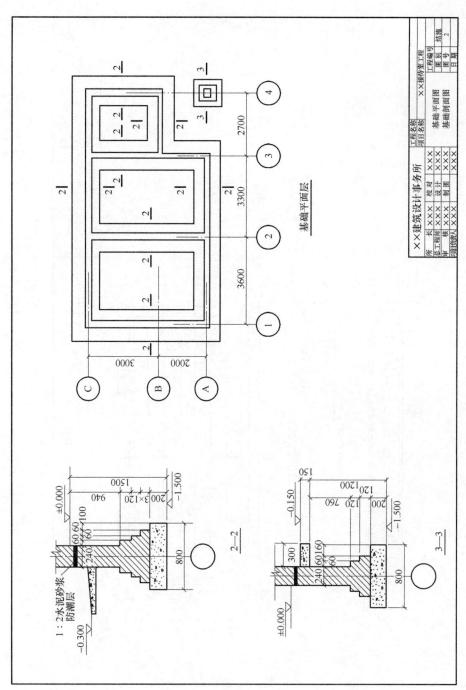

图 5-4 某单位接待室工程施工图（续）

表 5-1　接待室工程工程量清单列项表

| 序　号 | 项目编码 | 项目名称 | 计量单位 |
|---|---|---|---|
| A. 土石方工程 | | | |
| 1 | 010101001001 | 平整场地 | m² |
| 2 | 010101003001 | 挖基槽土方（墙基） | m³ |
| 3 | 010101004001 | 挖基坑土方（柱基） | m³ |
| 4 | 010103001001 | 基础回填土 | m³ |
| 5 | 010103001002 | 室内回填土 | m³ |
| 6 | 010103002001 | 余土外运 | m³ |
| D. 砌筑工程 | | | |
| 7 | 010401001001 | 砖基础 | m³ |
| 8 | 010401003001 | 实心砖墙 | m³ |
| 9 | 010401009001 | 实心砖柱 | m³ |
| E. 混凝土及钢筋混凝土工程 | | | |
| 10 | 010501001001 | 基础垫层 | m³ |
| 11 | 010501001002 | 地面垫层 | m³ |
| 12 | 010503002001 | 矩形梁 | m³ |
| 13 | 010503004001 | 圈梁 | m³ |
| 14 | 010507001001 | 散水 | m² |
| 15 | 010507004001 | 台阶 | m² |
| 16 | 010512002001 | 空心板 | m³ |
| 17 | 010515001001 | 现浇构件钢筋 HPB300 | t |
| 18 | 010515001002 | 现浇构件钢筋 HRB400 | t |
| H. 门窗工程 | | | |
| 19 | 010801001001 | 实木装饰门 | m² |
| 20 | 010807001001 | 塑钢窗 | m² |
| J. 屋面及防水工程 | | | |
| 21 | 010902003001 | 屋面刚性防水 | m² |
| L. 楼地面装饰工程 | | | |
| 22 | 011102003001 | 块料地面面层 | m² |
| 23 | 011101006001 | 屋面 1:3 水泥砂浆找平层 | m² |
| 24 | 011101006002 | 屋面 1:2 水泥砂浆防水层 | m² |
| 25 | 011105003001 | 块料踢脚线 | m² |
| 26 | 011107005001 | 现浇水磨石台阶面 | m² |
| M. 墙、柱面装饰与隔断、幕墙工程 | | | |
| 27 | 011201001001 | 混合砂浆抹内墙面 | m² |
| 28 | 011201002001 | 外墙面水刷石 | m² |
| 29 | 011202002002 | 柱面水刷石 | m² |
| 30 | 011202002003 | 梁面水刷石 | m² |

（续）

| 序　号 | 项目编码 | 项目名称 | 计量单位 |
|---|---|---|---|
| | | N. 天棚工程 | |
| 31 | 011301001001 | 混合砂浆抹天棚 | m² |
| | | P. 油漆、涂料、裱糊工程 | |
| 32 | 011406001001 | 抹灰面刷乳胶漆（墙面、天棚） | m² |
| | | S. 措施项目 | |
| 33 | 011701001001 | 综合脚手架 | m² |
| 34 | 011702006001 | 矩形梁模板及支架 | m² |
| 35 | 011702008001 | 圈梁模板及支架 | m² |
| 36 | 011702016001 | 屋面刚性防水层模板 | m² |
| 37 | 011702027001 | 台阶模板 | m² |
| 38 | 011702029001 | 散水模板 | m² |
| 39 | 011703001001 | 垂直运输 | m² |

**第二步：进行清单工程量计算**

方法：根据列出的工程量清单项目，依据《房屋建筑与装饰工程工程量计算规范》（GB 50854—2013）和接待室工程施工图，进行清单工程量计算。

接待室工程建筑与装饰工程分部分项清单工程量计算表见表5-2。

**第三步：编制接待室工程分部分项工程和单价措施项目清单与计价表。**

方法：根据《建设工程工程量清单计价规范》中规定的统一表格（表-08），《房屋建筑与装饰工程工程量计算规范》中的计算规则和本章中表5-2的内容，编制接待室工程分部分项工程和单价措施项目清单与计价表。

编制的重点在于，依据《房屋建筑与装饰工程工程量计算规范》进行项目特征的描述。

接待室工程分部分项工程和单价措施项目清单与计价表见表5-3。

**第四步：编制接待室工程总价措施项目清单**

方法：根据《建设工程工程量清单计价规范》中规定的统一表格（表-11），编制接待室工程总价措施项目清单。

接待室工程总价措施项目清单与计价表见表5-4。

**第五步：编制接待室工程暂列金额明细表**

方法：根据《建设工程工程量清单计价规范》中规定的统一表格（表-12-1），编制接待室工程暂列金额明细表。

接待室工程暂列金额明细表见表5-5。

**第六步：编制接待室工程其它项目清单与计价汇总表**

方法：根据《建设工程工程量清单计价规范》中规定的统一表格（表-12），编制接待室工程其他项目清单与计价汇总表。

接待室工程其他项目清单与计价汇总表见表5-6。

**第七步：编制接待室工程规费、税金项目计价表**

方法：根据《建设工程工程量清单计价规范》中规定的统一表格（表-13），编制接待室工程规费、税金项目计价表。

接待室工程规费、税金项目计价表见表5-7。

第5章 工程量清单

表5-2 接待室工程分部分项清单工程量计算表

| 序号 | 项目编码 | 项目名称 | 计量单位 | 工程量 | 计 算 式 | 计 算 规 则 |
|---|---|---|---|---|---|---|
| | | | | | A. 土石方工程 | |
| 1 | 010101001001 | 平整场地 | m² | 48.86 | 基数计算：<br>$L_中=(3.60+3.30+2.70+5.0)\times2=29.20m$<br>$L_内=5.0-0.24+3.0-0.24=7.52m$<br>内墙垫层长$=5.0-0.8+3.0-0.8=6.40m$<br>底面积$=(3.60+3.30+2.70+0.24)\times(5.0+0.24)$<br>$=51.56m^2$<br><br>$S=51.56-2.70\times2.0\times0.5$<br>$=51.56-2.70$<br>$=48.86m^2$ | 按设计图示尺寸以建筑物首层建筑面积计算 |
| 2 | 010101003001 | 挖基槽土方（墙基） | m³ | 34.18 | 基础垫层底面积$=(L_中+内墙垫层长)\times0.8$<br>$=(29.20+6.4)\times0.8$<br>$=28.48m^2$<br>基槽土方$=28.48\times(1.5-0.3)=34.18m^3$ | 按设计图示尺寸以基础垫层底面积乘以挖土深度计算 |
| 3 | 010101004001 | 挖基坑土方（柱基） | m³ | 0.77 | 基础垫层底面积$=0.8\times0.8=0.64m^2$<br>基坑土方$=0.64\times(1.5-0.3)=0.77m^3$ | 按设计图示尺寸以基础垫层底面积乘以挖土深度计算 |
| 4 | 010103001001 | 基础回填土 | m³ | 16.75 | $V=$序2+序3-序7-序10<br>$=34.18+0.77-(15.04-36.72\times0.24\times0.30-0.24$<br>$\times0.24\times0.30)-5.82$<br>$=16.75m^3$ | 按挖方清单项目工程量减去自然地坪以下埋设的基础体积 |
| 5 | 010103001002 | 室内回填土 | m³ | 8.12 | $V=$主墙间净面积×（室内外地坪高差-垫层厚-面层厚）<br>$=[底面积-(L_中+L_内)\times0.24]\times(0.30-0.08-0.02$<br>$-0.01)$<br>$=[51.56-(29.20+7.52)\times0.24]\times0.19$<br>$=8.12m^3$ | 主墙间净面积乘以回填厚度 |
| 6 | 010103002001 | 余土外运 | m³ | 10.08 | $V=34.18+0.77-16.75-8.12$<br>$=10.08m^3$ | 挖土量减去回填量 |

（续）

| 序号 | 项目编码 | 项目名称 | 计量单位 | 工程量 | 计 算 式 | 计 算 规 则 |
|---|---|---|---|---|---|---|
| | | | | | **D. 砌筑工程** | |
| 7 | 010401001001 | 砖基础 | m³ | 15.04 | $V_{墙基} = (L_中 + L_内) \times (基础墙高 \times 0.24 + 放脚增加面积)$<br>$= (29.20 + 7.52) \times [(1.50 - 0.20) \times 0.24 + 0.007875 \times 12]$<br>$= 36.72 \times (1.30 \times 0.24 + 0.0945)$<br>$= 14.93 m^3$<br>$V_{柱基} = [(0.24 + 0.0625 \times 4) \times (0.24 + 0.0625 \times 4) + (0.24 + 0.0625 \times 2) \times (0.24 + 0.0625 \times 2)] \times 0.126 + (1.50 - 0.20 - 0.126 \times 2) \times 0.24 \times 0.24$<br>$= 0.11 m^3$<br>小计：14.93 + 0.11 = 15.04m³ | 按设计图示尺寸以体积计算<br>基础长度：外墙按外墙中心线，内墙按内墙净长线计算<br>基础与墙（柱）身使用同一种材料时，以设计室内地面为界，以下为基础 |
| 8 | 010401003001 | 实心砖墙 | m³ | 24.76 | $V = [(L_中 + L_内) \times 墙高 - 门窗面积] \times 墙厚 - 圈梁体积$<br>$= [(29.20 + 7.52) \times 3.60 - (6.48 + 2.16 + 1.65 + 13.50)] \times 0.24 - 29.20 \times 0.24 \times 0.18$<br>$= 108.4 \times 0.24 - 1.26$<br>$= 24.76 m^3$ | 按设计图示尺寸以体积计算<br>扣除门窗洞口所占体积，不扣除单个面积≤0.3m²的孔洞所占的体积。凸出墙面的腰线，挑檐，压顶，窗台线，虎头砖，门窗套的体积亦不增加<br>1. 墙长度：外墙按中心线，内墙按净长线<br>2. 墙高度：平屋顶算至钢筋混凝土板底（门窗面积参见序19，序20） |
| 9 | 010401009001 | 实心砖柱 | m³ | 0.19 | $V = 0.24 \times 0.24 \times 3.30$<br>$= 0.19 m^3$ | 按设计图示尺寸以体积计算。扣除混凝土及钢筋混凝土梁垫、梁头、板头所占体积 |
| | | | | | **E. 混凝土及钢筋混凝土工程** | |
| 10 | 010501001001 | 混凝土基础垫层 | m³ | 5.82 | $V = (L_中 + 内墙垫层长) \times 0.80 \times 0.20 + 0.80 \times 0.80 \times 0.20$<br>$= (29.20 + 6.40) \times 0.80 \times 0.20 + 0.80 \times 0.80 \times 0.20$<br>$= 5.82 m^3$ | 按设计图示尺寸以体积计算 |
| 11 | 010501001002 | 混凝土地面垫层 | m³ | 3.42 | $V = 主墙间净面积 \times 垫层厚$<br>$= [51.56 - (29.20 + 7.52) \times 0.24] \times 0.08$<br>$= 42.75 \times 0.08$<br>$= 3.42 m^3$ | 按设计图示尺寸以体积计算 |

（续）

| 序号 | 项目编码 | 项目名称 | 计量单位 | 工程量 | 计 算 式 | 计 算 规 则 |
|---|---|---|---|---|---|---|
| 12 | 010503002001 | 现浇混凝土矩形梁 | m³ | 0.36 | $V$ = 梁长 × 梁截面面积 = (2.70 + 0.12 + 2.0 + 0.12) ×0.24×0.30 = 0.36m³ | 按设计图示尺寸以体积计算 |
| 13 | 010503004001 | 现浇混凝土圈梁 | m³ | 1.26 | $V$ = 圈梁长 × 圈梁截面面积 = 29.2×0.24×0.18 = 1.26m³ | 按设计图示尺寸以体积计算 |
| 14 | 010507001001 | 现浇混凝土散水 | m² | 25.19 | $S$ = ($L_{中}$ + 4×0.24 + 4×散水宽) × 散水宽 − 台阶面积 = (29.20 + 0.96 + 4×0.80) ×0.80 − (2.70 + 0.30 + 2.0) ×0.30 = 33.36×0.80 − 1.50 = 25.19m² | 按设计图示尺寸以面积计算。不扣除单个面积 ≤ 0.3m² 的孔洞所占面积 |
| 15 | 010507004001 | 现浇混凝土台阶 | m² | 2.82 | $S$ = (2.70 + 2.0) ×0.30×2 = 2.82m² | 按设计图示尺寸以 m² 计算 |
| 16 | 010512002001 | 预制混凝土空心板 | m³ | 3.86 | YKB3962　0.164×9 = 1.476m³ YKB3362　0.139×9 = 1.251m³ YKB3062　0.126×9 = 1.134m³ 小计: 3.86m³ | 以立方米计量，按设计图示尺寸以体积计算。扣除空心板空洞体积（预制空心板空洞工程量，可查标准图集） |
| 17 | 010515001001 | 现浇构件钢筋 HPB300 | t | 0.041 | 122.64×0.26 + 8.70 = 40.6kg = 0.041t | 按设计图示钢筋长度乘单位理论质量计算 |
| 18 | 010515001002 | 现浇构件钢筋 HRB400 | t | 0.131 | 116.80×0.888 + 18.41 + 9.02 = 131.1kg = 0.131t | 按设计图示钢筋长度乘单位理论质量计算 |

H. 门窗工程

| 序号 | 项目编码 | 项目名称 | 计量单位 | 工程量 | 计 算 式 | 计 算 规 则 |
|---|---|---|---|---|---|---|
| 19 | 010801001001 | 实木装饰门 | m² | 8.64 | M1 $S$ = 0.90×2.40×3 樘 = 6.48m² M2 $S$ = 0.90×2.40×1 樘 = 2.16m² 小计: 6.48 + 2.16 = 8.64m² | 以平方米计量，按设计图示洞口尺寸以面积计算 |

（续）

| 序号 | 项目编码 | 项目名称 | 计量单位 | 工程量 | 计 算 式 | 计 算 规 则 |
|---|---|---|---|---|---|---|
| 20 | 010807001001 | 塑钢窗 | m² | 15.15 | C1<br>$S = 1.50 \times 1.50 \times 6$ 樘 $= 13.50 \text{m}^2$<br>C2<br>$S = 1.50 \times 1.10 \times 1$ 樘 $= 1.65 \text{m}^2$<br>小计：$13.50 + 1.65 = 15.15 \text{m}^2$ | 以平方米计量，按设计图示洞口尺寸以面积计算 |
| | | | | | **J. 屋面及防水工程** | |
| 21 | 010902003001 | 屋面刚性防水 | m² | 55.08 | $S = $ 平屋面面积<br>$= (9.60 + 0.30 \times 2) \times (5.0 + 0.20 \times 2)$<br>$= 10.20 \times 5.40$<br>$= 55.08 \text{m}^2$ | 按设计图示尺寸以面积计算 |
| | | | | | **L. 楼地面装饰工程** | |
| 22 | 011102003001 | 块料地面面层 | m² | 42.29 | $S = $ 底面积 $-$ 墙的结构面积 $+$ 门洞开口部分面积 $-$ 台阶所占面积<br>$= 51.56 - (29.20 + 7.52) \times 0.24 + 4 \times 0.9 \times 0.24 - (2.7 + 2.0 - 0.30) \times 0.30$<br>$= 42.29 \text{m}^2$ | 按设计图示尺寸以面积计算。门洞、空圈、暖气包槽、壁龛的开口部分并入相应的工程量内 |
| 23 | 011101006001 | 屋面 1:3 水泥砂浆找平层 | m² | 55.08 | 同序21<br>$S = (9.60 + 0.30 \times 2) \times (5.0 + 0.20 \times 2)$<br>$= 10.20 \times 5.40$<br>$= 55.08 \text{m}^2$ | 按设计图示尺寸以面积计算 |
| 24 | 011101006002 | 屋面 1:2 水泥砂浆防水层 | m² | 55.08 | 计算式同上 | 按设计图示尺寸以面积计算 |
| 25 | 011105003001 | 块料踢脚线 | m² | 6.29 | $S = $ 踢脚线长 $\times$ 踢脚线高<br>$= [[(3.60 - 0.24 + 5.0 - 0.24) \times 2 + (3.30 - 0.24 + 5.0 - 0.24) \times 2 + (2.70 - 0.24 + 3.0 - 0.24) \times 2 + (2.70 + 2.00)$（注：檐廊处）$- (0.9 \times 4 \times 2)$（注：门洞）$+ 4 \times (0.24 - 0.10) \times 2$（注：门洞口侧面）$+ 0.24 \times 4] \times 0.15$<br>$= 41.90 \times 0.15$<br>$= 6.29 \text{m}^2$ | 按设计图示长度乘高度以面积计算 |

（续）

| 序号 | 项目编码 | 项目名称 | 计量单位 | 工程量 | 计 算 式 | 计 算 规 则 |
|---|---|---|---|---|---|---|
| 26 | 011107005001 | 现浇水磨石台阶面 | m² | 2.82 | $S = (2.70 + 2.0) \times 0.30 \times 2$ <br> $= 2.82\text{m}^2$ | 按设计图示尺寸以台阶（包括最上层踏步边沿加300mm）水平投影面积计算 |
| | | | | | **M. 墙、柱面装饰与隔断、幕墙工程** | |
| 27 | 011201001001 | 混合砂浆抹内墙面 | m² | 135.19 | $S =$ 墙净长 × 净高 − 门窗洞口面积 <br> $= [(3.60 − 0.24 + 5.0 − 0.24) \times 2 + (3.30 − 0.24 + 5.0 − 0.24) \times 2 + (2.70 − 0.24 + 3.0 − 0.24) \times 2 + 檐廊 (2.70 + 2.00)]$ (注: 檐廊处) $\times 3.60 − (6.48 \times 2 + 2.16 \times 2 + 1.65 \times 2 + 13.50)$ <br> $= (16.24 + 15.64 + 10.44 + 4.70) \times 3.60 − 34.08$ <br> $= 169.27 − 34.08$ <br> $= 135.19\text{m}^2$ | 按设计图示尺寸以面积计算。扣除墙裙、门窗洞口及单个面积 > 0.3m² 的孔洞面积, 不扣除踢脚线的面积, 门窗洞口和孔洞的侧壁及顶面不增加面积。附墙柱、梁、垛、烟囱侧壁并入相应的墙面面积内内墙抹灰面积按主墙间的净长乘以高度计算 |
| 28 | 011201002001 | 外墙面水刷石 | m² | 85.79 | $S =$ 墙长 × 墙高 − 窗洞口面积 <br> $= (29.20 + 0.24 \times 4 − 2.7 − 2.0) \times (3.60 + 0.30) − 13.50$ <br> $= 25.46 \times 3.90 − 13.50$ <br> $= 85.79\text{m}^2$ | 按设计图示尺寸以面积计算。扣除墙裙、门窗洞口及单个面积 > 0.3m² 的孔洞面积, 不扣除踢脚线的面积, 门窗洞口和孔洞的侧壁及顶面不增加面积外墙抹灰面积按外墙垂直投影面积计算 |
| 29 | 011202002001 | 柱面水刷石 | m² | 3.17 | $S = 0.24 \times 4 \times 3.30 = 3.17\text{m}^2$ | 按设计图示柱断面周长乘高度以面积计算 |
| 30 | 011202002002 | 梁面水刷石 | m² | 3.75 | $S = (2.70 − 0.12 + 2.0 − 0.12) \times (0.3 \times 2 + 0.24)$ <br> $= 3.75\text{m}^2$ | 按设计图示梁断面周长乘长度以面积计算 |
| | | | | | **N. 天棚工程** | |
| 31 | 011301001001 | 混合砂浆抹天棚 | m² | 45.20 | $S =$ 屋面面积 − 墙的结构面积 − 梁底面积 <br> $= (9.60 + 0.30 \times 2) \times (5.0 + 0.20 \times 2) − (29.20 + 7.52) \times 0.24 − (2.70 − 0.12 + 2.0 − 0.12) \times 0.24$ <br> $= 55.08 − 8.81 − 1.07$ <br> $= 45.20\text{m}^2$ | 按设计图示尺寸以水平投影面积计算。不扣除间壁墙、垛、所占的面积 |

（续）

| 序号 | 项目编码 | 项目名称 | 计量单位 | 工程量 | 计 算 式 | 计 算 规 则 |
|---|---|---|---|---|---|---|
| | | | | | P. 油漆、涂料、裱糊工程 | |
| 32 | 011406001001 | 抹灰面刷乳胶漆（墙面、天棚） | m² | 180.39 | $S$ = 序 27 + 序 31<br>= 135.19 + 45.20<br>= 180.39m² | 按设计图示尺寸以面积计算 |
| | | | | | S. 措施项目 | |
| 33 | 011701001001 | 综合脚手架 | m² | 48.86 | 同序 1<br>$S$ = 48.86m² | 按建筑面积计算 |
| 34 | 011702006001 | 矩形梁模板 | m² | 4.12 | 侧模：$(2.70 + 2.00 + 2.94 + 2.24 + 0.24 \times 2) \times 0.30$<br>= 3.11m²<br>底模：$(2.70 - 0.24 + 2.0 - 0.24) \times 0.24$<br>= 1.01m²<br>小计：3.11 + 1.01 = 4.12m² | 按模板与混凝土构件的接触面积计算 |
| 35 | 011702008001 | 圈梁模板 | m² | 15.90 | $S$ = 圈梁侧模 + 门窗处底模<br>$S$ = [$(29.20 + 0.24 \times 4) + (5.0 - 0.24) \times 2 + (3.6 - 0.24) \times 2 + (3.3 - 0.24) \times 2 + (2.7 - 0.24) \times 2$] × 0.18 + $(6 \times 1.5 + 0.9 + 2.0) \times 0.24$<br>= 72.48 × 0.18 + 11.9 × 0.24<br>= 15.90m² | 按模板与混凝土构件的接触面积计算（29.20 为 $L_{中}$） |
| 36 | 011702016001 | 屋面刚性防水层模板 | m² | 1.25 | 侧模：$(10.20 + 5.40) \times 2 \times 0.04$<br>= 1.25m² | 按模板与混凝土构件的接触面积计算 |
| 37 | 011702027001 | 台阶模板 | m² | 2.82 | $S$ = $(2.70 + 2.0) \times 0.30 \times 2$<br>= 2.82m² | 按图示台阶水平投影面积计算，两端头模板不计算 |
| 38 | 011702029001 | 散水模板 | m² | 2.19 | 散水四周侧模：$(29.20 + 4 \times 0.24 + 8 \times 0.80) \times 0.06$<br>= 36.56 × 0.06<br>= 2.19m² | 按模板与散水接触面积 |
| 39 | 011703001001 | 垂直运输 | m² | 48.86 | 同序 1<br>$S$ = 48.86m² | 按建筑面积计算 |

表 5-3　分部分项工程和单价措施项目清单与计价表

工程名称：接待室工程　　　　　　　标段：　　　　　　　第 1 页　共 5 页

| 序号 | 项目编码 | 项目名称 | 项目特征描述 | 计量单位 | 工程量 | 综合单价 | 合价 | 其中暂估价 |
|---|---|---|---|---|---|---|---|---|
| | | | A. 土石方工程 | | | | | |
| 1 | 010101001001 | 平整场地 | 1. 土壤类别：三类土<br>2. 弃土运距：自定<br>3. 取土运距：自定 | m² | 48.86 | | | |
| 2 | 010101003001 | 挖基槽土方 | 1. 土壤类别：三类土<br>2. 挖土深度：1.20m | m³ | 34.18 | | | |
| 3 | 010101004001 | 挖基坑土方 | 1. 土壤类别：三类土<br>2. 挖土深度：1.20m | m³ | 0.77 | | | |
| 4 | 010103001001 | 基础回填土 | 1. 密实度要求：按规定<br>2. 填方来源、运距：自定，填土须验方后方可填入。运距由投标人自行确定 | m³ | 16.75 | | | |
| 5 | 010103001002 | 室内回填土 | 1. 密实度要求：按规定<br>2. 填方来源、运距：自定 | m³ | 8.12 | | | |
| 6 | 010103002001 | 余土外运 | 1. 废弃料品种：综合土<br>2. 运距：由投标人自行考虑，结算时不再调整 | m³ | 10.08 | | | |
| | | 分部小计 | | | | | | |
| | | | D. 砌筑工程 | | | | | |
| 7 | 010401001001 | M5 水泥砂浆砌砖基础 | 1. 砖品种、规格、强度等级：页岩砖、240mm×115mm×53mm、MU7.5<br>2. 基础类型：带型<br>3. 砂浆强度等级：M5 水泥砂浆<br>4. 防潮层材料种类：1:2 防水砂浆 | m³ | 15.04 | | | |
| 8 | 010401003001 | M5 混合砂浆砌实心砖墙 | 1. 砖品种、规格、强度等级：页岩砖、240mm×115mm×53mm、MU7.5<br>2. 墙体类型：240mm 厚标准砖墙<br>3. 砂浆强度等级：M5 混合砂浆 | m³ | 24.76 | | | |
| 9 | 010401009001 | M5 混合砂浆砌实心砖柱 | 1. 砖品种、规格、强度等级：页岩砖、240mm×115mm×53mm、MU7.5<br>2. 柱类型：标准砖柱<br>3. 砂浆强度等级：M5 混合砂浆 | m³ | 0.19 | | | |
| | | 分部小计 | | | | | | |
| | | | 本页小计 | | | | | |
| | | | 合　计 | | | | | |

（续）

工程名称：接待室工程　　　　　　　　标段：　　　　　　　　第2页　共5页

| 序号 | 项目编码 | 项目名称 | 项目特征描述 | 计量单位 | 工程量 | 金　额/元 | | |
| --- | --- | --- | --- | --- | --- | --- | --- | --- |
| | | | | | | 综合单价 | 合价 | 其中<br>暂估价 |
| E. 混凝土及钢筋混凝土工程 | | | | | | | | |
| 10 | 010501001001 | C20 混凝土基础垫层 | 1. 混凝土类别：塑性砾石混凝土<br>2. 混凝土强度等级：C20 | m³ | 5.82 | | | |
| 11 | 010501001002 | C15 混凝土地面垫层 | 1. 混凝土类别：塑性砾石混凝土<br>2. 混凝土强度等级：C15 | m³ | 3.42 | | | |
| 12 | 010503002001 | 现浇 C20<br>混凝土矩形梁 | 1. 混凝土类别：塑性砾石混凝土<br>2. 混凝土强度等级：C20 | m³ | 0.36 | | | |
| 13 | 010503004001 | 现浇 C20 混凝土圈梁 | 1. 混凝土类别：塑性砾石混凝土<br>2. 混凝土强度等级：C20 | m³ | 1.26 | | | |
| 14 | 010507001001 | 现浇 C15 混凝土散水 | 1. 面层厚度：60mm<br>2. 混凝土类别：塑性砾石混凝土<br>3. 混凝土强度等级：C15<br>4. 变形缝材料：沥青砂浆，嵌缝 | m² | 25.19 | | | |
| 15 | 010507004001 | 现浇 C15 混凝土台阶 | 1. 踏步高宽比：1:2<br>2. 混凝土类别：塑性砾石混凝土<br>3. 混凝土强度等级：C15 | m² | 2.82 | | | |
| 16 | 010512002001 | 预制混凝土空心板 | 1. 安装高度：3.6m<br>2. 混凝土强度等级：C30 | m³ | 3.86 | | | |
| 17 | 010515001001 | 现浇构件钢筋 | 钢筋种类、规格：HPB300、Φ10 内 | t | 0.041 | | | |
| 18 | 010515001002 | 现浇构件钢筋 | 钢筋种类、规格：HRB400、Φ10 以上 | t | 0.131 | | | |
| | | 分部小计 | | | | | | |
| H. 门窗工程 | | | | | | | | |
| 19 | 010801001001 | 实木装饰门 | 1. 门代号：M-1、M-2<br>2. 门洞口尺寸：900mm ×2400mm<br>3. 玻璃品种、厚度：无 | m² | 8.64 | | | |
| 20 | 010807001001 | 塑钢窗 | 1. 窗代号：C-1、C-2<br>2. 窗洞口尺寸：1500mm ×1500mm<br>3. 玻璃品种厚度：平板玻璃 3mm | m² | 15.15 | | | |
| | | 分部小计 | | | | | | |
| | | | 本页小计 | | | | | |
| | | | 合　计 | | | | | |

（续）

工程名称：接待室工程　　　　　　　　标段：　　　　　第 3 页　共 5 页

| 序号 | 项目编码 | 项目名称 | 项目特征描述 | 计量单位 | 工程量 | 金　额/元 | | |
|---|---|---|---|---|---|---|---|---|
| | | | | | | 综合单价 | 合价 | 其中 暂估价 |
| J. 屋面及防水工程 | | | | | | | | |
| 21 | 010902003001 | 屋面刚性防水 | 1. 刚性层厚度：40mm<br>2. 混凝土类别：细石混凝土<br>3. 混凝土强度等级：C20 | m² | 55.08 | | | |
| | | 分部小计 | | | | | | |
| L. 楼地面工程 | | | | | | | | |
| 22 | 011102003001 | 块料地面面层 | 1. 找平层厚度、砂浆配合比：<br>1∶3 水泥砂浆 20mm<br>2. 结合层厚度、砂浆配合比：<br>1∶2 水泥砂浆 20mm<br>3. 面层材料品种、规格、颜色：<br>400mm×400mm 浅色地砖 | m² | 42.29 | | | |
| 23 | 011101006001 | 屋面 1∶3 水泥砂浆找平层 | 找平层厚度、砂浆配合比：<br>30mm 厚、1∶3 水泥砂浆 | m² | 55.08 | | | |
| 24 | 011101006002 | 屋面 1∶2 水泥砂浆防水层 | 防水层厚度、砂浆配合比：<br>20mm 厚、1∶2 防水砂浆 | m² | 55.08 | | | |
| 25 | 011105003001 | 块料踢脚线 | 1. 踢脚线高度：150mm<br>2. 粘贴层厚度、材料种类：<br>20mm 厚、1∶2 水泥砂浆<br>3. 面层材料品种、规格、颜色：<br>600mm×150mm 浅色面砖 | m² | 6.29 | | | |
| 26 | 011107005001 | 现浇水磨石台阶面 | 面层厚度、水泥白石子浆配合比：<br>15mm 厚、1∶2 水泥白石子浆 | m² | 2.82 | | | |
| | | 分部小计 | | | | | | |
| M. 墙、柱面装饰与隔断、幕墙工程 | | | | | | | | |
| 27 | 011201001001 | 混合砂浆抹内墙面 | 1. 墙体类型：标准砖墙<br>2. 底层厚度、砂浆配合比：<br>18mm 厚、混合砂浆 1∶0.5∶2.5<br>3. 面层厚度、砂浆配合比：<br>8mm 厚、混合砂浆 1∶0.3∶3 | m² | 135.19 | | | |
| | | | 本页小计 | | | | | |
| | | | 合　　计 | | | | | |

工程造价案例分析　第4版

（续）

工程名称：接待室工程　　　　　　　　标段：　　　　　　第4页　共5页

| 序号 | 项目编码 | 项目名称 | 项目特征描述 | 计量单位 | 工程量 | 综合单价 | 合价 | 其中暂估价 |
|---|---|---|---|---|---|---|---|---|
| 28 | 011201002001 | 外墙面水刷石 | 1. 墙体类型：标准砖墙<br>2. 底层厚度、砂浆配合比：<br>　 15mm 厚、1:2.5 水泥砂浆<br>3. 面层厚度、砂浆配合比：<br>　 10mm 厚、1:2 水泥白石子浆 | m² | 85.79 | | | |
| 29 | 011202002002 | 柱面水刷石 | 1. 柱体类型：标准砖柱<br>2. 底层厚度、砂浆配合比：<br>　 15mm 厚、1:2.5 水泥砂浆<br>3. 面层厚度、砂浆配合比：<br>　 10mm 厚、1:2 水泥白石子浆 | m² | 3.17 | | | |
| 30 | 011202002003 | 梁面水刷石 | 1. 梁体类型：混凝土矩形梁<br>2. 底层厚度、砂浆配合比：<br>　 15mm 厚、1:2.5 水泥砂浆<br>3. 面层厚度、砂浆配合比：<br>　 10mm 厚、1:2 水泥白石子浆 | m² | 3.75 | | | |
| | | 分部小计 | | | | | | |
| | | | N. 天棚工程 | | | | | |
| 31 | 011301001001 | 混合砂浆抹天棚 | 1. 基层类型：混凝土<br>2. 抹灰厚度：17mm 厚<br>3. 砂浆配合比：<br>　 面层5mm 厚混合砂浆1:0.3:3<br>　 底层12mm 厚混合砂浆1:0.5:2.5 | m² | 45.20 | | | |
| | | 分部小计 | | | | | | |
| | | | P. 油漆、涂料、裱糊工程 | | | | | |
| 32 | 011406001001 | 抹灰面油漆<br>（墙面、天棚面） | 1. 基层类型：混合砂浆<br>2. 腻子种类：石膏腻子<br>3. 刮腻子遍数：2 遍<br>4. 油漆品种、刷漆遍数：乳胶漆、2 遍<br>5. 部位：墙面、天棚面 | m² | 180.39 | | | |
| | | 分部小计 | | | | | | |
| | | | 本页小计 | | | | | |
| | | | 合　　计 | | | | | |

（续）

| 序号 | 项目编码 | 项目名称 | 项目特征描述 | 计量单位 | 工程量 | 综合单价 | 合价 | 其中暂估价 |
|---|---|---|---|---|---|---|---|---|
| | | | | | | 金　额/元 | | |
| 33 | 011701001001 | 综合脚手架 | | m² | 48.86 | | | |
| 34 | 011702006001 | 矩形梁模板 | | m² | 4.12 | | | |
| 35 | 011702008001 | 圈梁模板 | | m² | 13.20 | | | |
| 36 | 011702016001 | 屋面刚性防水层模板 | | m² | 1.25 | | | |
| 37 | 011702027001 | 台阶模板 | | m² | 2.82 | | | |
| 38 | 011702029001 | 散水模板 | | m² | 2.19 | | | |
| 39 | 011703001001 | 垂直运输 | | m² | 48.86 | | | |
| | | 分部小计 | | | | | | |
| | | | | | | | | |
| | | | | | | | | |
| | | | | | | | | |
| | | | | | | | | |
| | | | | | | | | |
| | | | | | | | | |
| | | | | | | | | |
| | | | | | | | | |
| | | | | | | | | |
| | | | | | | | | |
| | | | 本页小计 | | | | | |
| | | | 合　计 | | | | | |

S. 措施项目

表 5-4　总价措施项目清单与计价表

工程名称：接待室工程　　　　　　　　　　标段：　　　　　　　　　　第1页　共1页

| 序　号 | 项目编码 | 项目名称 | 计算基础 | 费率（%） | 金额/元 | 调整费率（%） | 调整后金额/元 | 备　注 |
|---|---|---|---|---|---|---|---|---|
| 1 | 011707001001 | 安全文明施工费 | 定额人工费 | | | | | |
| 2 | 011707002001 | 夜间施工增加费 | 定额人工费 | | | | | |
| 3 | 011707004001 | 二次搬运费 | 定额人工费 | | | | | |
| 4 | 011707005001 | 冬、雨季施工增加费 | 定额人工费 | | | | | |
| | | | | | | | | |
| | | | | | | | | |
| | | | | | | | | |
| | | | | | | | | |
| | | | | | | | | |
| | | | | | | | | |
| | | | | | | | | |
| | | | | | | | | |
| | | | | | | | | |
| | | | | | | | | |
| | | | | | | | | |
| | | | | | | | | |
| | 合　计 | | | | | | | |

编制人（造价人员）：　　　　　　　　　　　　　　　　　　复核人（造价工程师）：

注：1　"计算基础"中安全文明施工可为"定额基价""定额人工费"或"定额人工费＋定额机械费"，其他项目可为"定额人工费"或"定额人工费＋定额机械费"。

2　按施工方案计算的措施费，若无"计算基础"和"费率"的数值，也可只填"金额"数值，但应在备注栏说明施工方案出处或计算方法。

表 5-5　暂列金额明细表

工程名称：接待室工程　　　　　　　　　标段：　　　　　　　　第 1 页　共 1 页

| 序　号 | 项 目 名 称 | 计 算 单 位 | 暂定金额/元 | 备　注 |
|---|---|---|---|---|
| 1 | 工程量清单中工程量偏差和设计变更 | 项 | 5000.00 | |
| 2 | 材料价格风险 | 项 | 3000.00 | |
| 3 | | | | |
| 4 | | | | |
| 5 | | | | |
| 6 | | | | |
| 7 | | | | |
| | | | | |
| | | | | |
| | | | | |
| | | | | |
| | 合　　计 | | 8000.00 | |

注：此表由招标人填写，如不能详列，也可只列暂定金额总额，投标人应将上述暂列金额计入投标总价中。

表 5-6　其他项目清单与计价汇总表

工程名称：接待室工程　　　　　　　　　标段：　　　　　　　　第 1 页　共 1 页

| 序　号 | 项 目 名 称 | 金额/元 | 结算金额/元 | 备　注 |
|---|---|---|---|---|
| 1 | 暂列金额 | 8000.00 | | 明细详见表 5-5 |
| 2 | 暂估价 | | | |
| 2.1 | 材料（工程设备）暂估价 | | | |
| 2.2 | 专业工程暂估价 | | | |
| 3 | 计日工 | | | |
| 4 | 总承包服务费 | | | |
| 5 | 索赔与现场签证 | | | |
| | | | | |
| | | | | |
| | | | | |
| | 合　　计 | | | |

注：材料（工程设备）暂估单价进入清单项目综合单价，此处不汇总。

表 5-7　规费、税金项目计价表

工程名称：接待室工程　　　　　　　　　　　　标段：　　　　　　　第 1 页　共 1 页

| 序　号 | 项目名称 | 计算基础 | 计算基数 | 计算费率 （%） | 金额 /元 |
|---|---|---|---|---|---|
| 1 | 规费 | 定额人工费 | | | |
| 1.1 | 社会保障费 | 定额人工费 | | | |
| (1) | 养老保险费 | 定额人工费 | | | |
| (2) | 失业保险费 | 定额人工费 | | | |
| (3) | 医疗保险费 | 定额人工费 | | | |
| (4) | 工伤保险费 | 定额人工费 | | | |
| (5) | 生育保险费 | 定额人工费 | | | |
| 1.2 | 住房公积金 | 定额人工费 | | | |
| 1.3 | 工程排污费 | 按工程所在地区规定计取 | | | |
| 2 | 税金 | 分部分项工程费 + 措施项目费 + 其他项目费 + 规费 – 按规定不计税的工程设备金额 | | | |
| | 合　计 | | | | |

### 第八步：编制接待室工程总说明

方法：根据《建设工程工程量清单计价规范》中规定的统一表格（表-01）和内容要求编写。

接待室工程总说明见表 5-8。

表 5-8　总说明

工程名称：接待室工程　　　　　　　　　　　　　　　　　第 1 页　共 1 页

1. 工程概况：本工程为砖混结构，单层建筑，建筑面积为 48.86m$^2$，计划工期为 45 天。

2. 工程招标范围：本次招标范围为施工图范围内的建筑与装饰工程。

3. 工程量清单编制依据：

(1) 接待室工程施工图

(2)《建设工程工程量清单计价规范》（GB 50500—2013）

(3)《房屋建筑与装饰工程工程量计算规范》（GB 50854—2013）

4. 其他需要说明的问题

(1) 本工程暂列金额 8000.00 元

(2) 钢筋由招标人供应，单价暂定为 4500.00 元/t

**第九步：编制接待室工程招标工程量清单封面**

方法：根据《建设工程工程量清单计价规范》中规定的统一表格（扉-1），编制接待室工程招标工程量清单封面。

接待室工程招标工程量清单封面见表 5-9。

表 5-9　接待室工程招标工程量清单封面

---

_____ 接待室 _____ 工程

# 招标工程量清单

招　标　人：_____×××_____
　　　　　　　　　　（单位盖章）

造价咨询人：_____×××_____
　　　　　　　　　（单位咨询专业章）

法定代表人
或其授权人：_____×××_____
　　　　　　　　　（签字或盖章）

法定代表人
或其授权人：_____×××_____
　　　　　　　　　（签字或盖章）

编　制　人：_____×××_____
　　　　　　（造价人员签字盖专业章）

复　核　人：_____×××_____
　　　　　　（造价工程师签字盖专业章）

编制时间：20××年×月×日　　　　　　　复核时间：20××年×月×日

---

**第十步：**将表 5-3 ～表 5-9 的内容装订成册，签字、盖章。形成接待室工程招标工程量清单文件。

说明：接待室工程招标工程量清单文件的装订顺序，正好和编制内容的顺序相反。

装订顺序依次为：

招标工程量清单封面（表 5-9）；

总说明（表 5-8）；

规费、税金项目计价表（表 5-7）；

其他项目清单与计价汇总表（表 5-6）；

暂列金额明细表（表 5-5）；

总价措施项目清单与计价表（表 5-4）；

分部分项工程和单价措施项目清单与计价表（表 5-3）。

 练 习 题

**练习题一**

**1. 背景资料**

某基础工程施工图如图 5-5 所示。该基础为 M5 水泥砂浆砌标准砖带形基础，C15 混凝土基础垫层 200mm 厚，基础深 1.55m。

**2. 问题**

根据《建设工程工程量清单计价规范》（GB 50500—2013）、《房屋建筑与装饰工程工程量计算规范》（GB 50854—2013）和图 5-5 所示施工图，编制该基础工程的招标工程量清单。

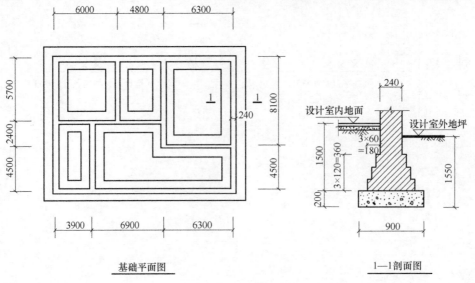

图 5-5 基础施工图

练习题二

1. 背景资料

某工程地面做法：C15 混凝土垫层（100mm 厚），1∶3 水泥砂浆找平层（20mm 厚），1∶2 水泥砂浆铺贴 500mm×500mm×20mm 中国红花岗岩板。建筑平面图如图 5-6 所示。

2. 问题

根据《建设工程工程量清单计价规范》（GB 50500—2013）、《房屋建筑与装饰工程工程量计算规范》（GB 50854—2013）和图 5-6 所示建筑平面图，编制该地面工程的分部分项工程量清单。

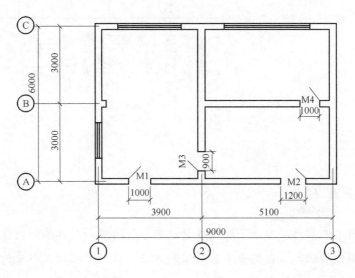

图 5-6　建筑平面图

# 第6章

## 工程量清单报价

 学习目标

通过本章的学习，了解工程量清单报价的概念及其编制内容、编制方法和编制步骤，掌握综合单价的编制方法，能根据招标工程量清单进行投标报价。

# 6.1 工程量清单报价概述

## 6.1.1 投标价的概念

投标价是指投标人投标时响应招标文件要求所报出的已标价工程量清单汇总后标明的总价。

已标价工程量，是指投标人响应招标文件，根据招标工程量清单，自主填报各部分价格，具有分部分项工程费及单价措施项目费、总价措施项目费、其他项目费、规费和税金的工程量清单。将全部费用汇总后的总价，就是投标价。

## 6.1.2 投标报价的概念及其编制内容

投标报价是指包含封面、工程计价总说明、单项工程投标价汇总表、单位工程投标报价汇总表、分部分项工程和措施项目计价表、综合单价分析表、总价措施项目清单与计价表、其他项目计价表、规费和税金项目计价表等内容的报价文件。

## 6.1.3 投标报价的编制依据与作用

**1. 投标报价编制依据**

投标报价的编制依据是由《建设工程工程量清单计价规范》规定的。包括：

1）《建设工程工程量清单计价规范》。

2）国家或省级、行业建设主管部门颁发的计价办法。

3）企业定额、国家或省级、行业建设主管部门颁发的计价定额和计价办法。

计算工程量三要素
（预算定额）

4）招标文件、招标工程量清单及其补充通知、答疑纪要。

5）建设工程设计文件和相关资料。

6）施工现场情况、工程特点及投标时拟定的施工组织设计或施工方案。

7）与建设项目相关的标准、规范等技术资料。

8）市场价格信息或工程造价管理机构发布的工程造价信息。

**2. 投标报价编制依据的作用**

（1）清单计价规范

例如，投标报价中的措施项目划分为"单价项目"与"总价项目"两类，是《建设工程工程量清单计价规范》（GB 50500—2013）第"5.2.3"、"5.2.4"条文规定的。

（2）国家或省级、行业建设主管部门颁发的计价办法

例如，投标报价的费用项目组成就是根据"中华人民共和国住房和城乡建设部、中华人民共和国财政部"2013 年 3 月 21 日颁发的《建筑安装工程费用项目组成》建标 [2013] 44 号文件确定的。

（3）企业定额、国家或省级、行业建设主管部门颁发的计价定额和计价办法

2003 年、2008 年和 2013 年清单计价规范都规定了企业定额是编制投标报价的依据，虽

然各地区没有具体实施，但指出了根据企业定额自主报价是投标报价的方向。

各省、市、自治区的工程造价行政主管部门都颁发了本地区组织编写的计价定额，它是投标报价的依据。计价定额是对"建筑工程预算定额、建筑工程消耗量定额、建筑工程计价定额、建筑工程单位估价表、建筑工程清单计价定额"的统称。

由于有些费用计算具有地区性，每个地区要颁发一些计价办法。例如，有的地区颁发了工程排污费、安全文明施工费等的计算办法。

（4）招标文件、招标工程量清单及其补充通知、答疑纪要

招标文件中对于工期的要求、采用计价定额的要求、暂估工程的范围等都是编制投标报价的依据。

编制投标报价必须依据招标工程量清单才能编制出综合单价和计算各项费用，是投标报价的核心依据。

补充通知和答疑纪要的工程量、价格等内容都要影响投标报价，所以也是重要编制依据。

（5）建设工程设计文件和相关资料

建设工程设计文件是指"建筑、装饰、安装施工图"。

相关资料是指各种标准图集等。例如，16G101—1《混凝土结构施工图平面整体表示方法制图规则和构造详图》就是计算工程量的依据。

（6）施工现场情况、工程特点及投标时拟定的施工组织设计或施工方案

例如，编制投标报价时要根据施工组织设计或施工方案，确定挖基础土方是否需要增加工作面和放坡、挖出的土堆放在什么地点、多余的土方运距几公里等，然后才能确定工程量和工程费用。

（7）与建设项目相关的标准、规范等技术资料

例如，"关于发布《全国统一建筑安装工程工期定额》的通知（建标〔2000〕38号文）就是与建设项目相关的标准。

### 6.1.4　投标报价编制步骤

我们可以采用，从得到"投标报价"结果后，倒推计算费用的思路来描述投标报价的编制步骤。

投标报价由"规费和税金、其他项目费、总价措施项目费、分部分项工程费和单价措施项目费"构成。

税金是根据"规费、其他项目费、总价措施项目费、分部分项工程费和单价措施项目费"之和乘以综合税率计算出来的，所以要先计算这四项费用。

其他项目主要包含"暂列金额、暂估价、计日工、总承包服务费"，暂列金额、暂估价是招标人规定的，按要求照搬就可以了。根据计日工人工、材料、机械台班数量自主报价就行了。总承包服务费出现了才计算。

总价措施项目的"安全文明施工费"是非竞争项目，必须按规定计取。"二次搬运费"等有关总价措施项目，投标人根据工程情况自主报价。

分部分项工程费和单价措施项目费是根据施工图、清单工程量和计价定额确定每个项目的综合单价，然后分别乘以分部分项工程和单价措施项目清单工程量就得到分部分项工程费和单价措施项目费。

将上述"规费和税金、其他项目费、总价措施项目费、分部分项工程费和单价措施项目费"汇总为投标报价。

现在我们从编制的先后顺序,通过下面的框图来描述投标报价的编制顺序,如图6-1所示。

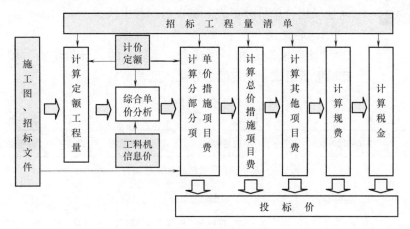

图 6-1　投标价编制步骤示意图

## 6.2　综合单价的编制

### 6.2.1　综合单价的概念

综合单价是指完成一个规定清单项目所需的人工费、材料费和工程设备费、施工机具使用费和企业管理费、利润以及一定范围内的风险费。

人工费、材料费和工程设备费、施工机具使用费是根据计价定额计算的;企业管理费和利润是根据省市工程造价行政主管部门发布的文件规定计算的。

如何计算综合
单价（一）

一定范围内的风险费主要指:同一分部分项清单项目的已标价工程量清单中的综合单价与招标控制价的综合单价之比,超过 ±15% 时,才能调整综合单价。例如,同一清单项目的已标价工程量清单中的综合单价是 248 元/m²,招标控制价的综合单价为 210 元/m²,（248 ÷ 210 – 1）×100% = 18.1%,超过了 15%,可以调整综合单价。如果没有超过 15%,就不能调整综合单价,因为综合单价已经包含了 15% 的价格风险。

如何计算综合
单价（二）

### 6.2.2　定额工程量的概念

定额工程量是相对清单工程量而言的。清单工程量是根据施工图和清单工程量计算规则计算的;定额工程量是根据施工图和定额工程量计算规则计算的。因为在编制综合单价时会同时出现清单工程量与定额工程量,所以一定要搞清楚定额工程量的概念。

为什么要计算
定额工程量

### 6.2.3　确定综合单价的方法

根据工程量清单计价规范和造价工作实践，总结了编制综合单价，也是"综合单价分析表"编制的三种方法。

**1. 定额法**

"定额法"是指一项或者一项以上的"计价定额"项目，通过计算后重新组成一个定额的方法，见表6-1。

表6-1　综合单价分析表（定额法）

工程名称：A 工程　　　　　　　　标段：　　　　　　　第 1 页　共 1 页

| 项目编码 | 010401001001 | | 项目名称 | | 砖基础 | | 计量单位 | m³ |
|---|---|---|---|---|---|---|---|---|

清单综合单价组成明细

| 定额编号 | 定额项目名称 | 定额单位 | 数量 | 单价/元 | | | | 合价/元 | | | |
|---|---|---|---|---|---|---|---|---|---|---|---|
| | | | | 人工费 | 材料费 | 机械费 | 管理费 | 人工费 | 材料费 | 机械费 | 管理费 |
| A3-1 | M5 水泥砂浆砌砖基础基础砖基础 | 10m³ | 0.10 | 584.40 | 2293.77 | 40.35 | 175.32 | 58.44 | 229.38 | 4.04 | 17.53 |
| A7-214 | 1:2 水泥砂浆墙基防潮层 | 100m² | 0.0059 | 811.80 | 774.82 | 33.10 | 243.54 | 4.79 | 4.57 | 0.20 | 1.44 |
| 人工单价 | | | 小　计 | | | | | 63.23 | 233.95 | 4.24 | 18.97 |
| 60.00 元/工日 | | | 未计价材料费 | | | | | | | | |
| 清单项目综合单价 | | | | | | | | 320.39 | | | |

| 主要材料名称、规格、型号 | 单位 | 数量 | 单价/元 | 合价/元 | 暂估单价/元 | 暂估合价/元 |
|---|---|---|---|---|---|---|
| 标准砖 | 千块 | 0.5236 | 380.00 | 198.97 | | |
| 42.5 水泥 | t | 0.0505 | 360.00 | 18.18 | | |
| 中砂 | t | 0.3783 | 30.00 | 11.35 | | |
| 水 | m³ | 0.176 | 5.00 | 0.88 | | |
| 42.5 水泥 | t | 0.00822 | 360.00 | 2.96 | | |
| 中砂 | t | 0.0217 | 30.00 | 0.65 | | |
| 防水粉 | kg | 0.412 | 2.00 | 0.82 | | |
| 水 | m³ | 0.027 | 5.00 | 0.14 | | |
| 其他材料费 | | | — | | — | |
| 材料费小计 | | | — | 233.95 | — | |

（左侧竖排标注：材料费明细）

采用"定额法"编制综合单价时，如果现行的人工、材料单价发生变化时，需要先行处理，其计算步骤也发生了变化。例如，当表 6-1 中的人工费按照文件规定需要调增 45% 时、32.5 水泥按照规定需要调整为 410 元/t 时、管理费和利润率变为 27% 时，计算过程见表 6-2。

说明：综合单价分析中的"管理费和利润"，计算方法一般有两种，第一种是根据"定额人工费"乘以规定的百分率；第二种是根据"定额人工费 + 定额机械费"乘以规定的百分率。本例中采用的是第一种方法计算的"管理费和利润"。

表 6-2 综合单价分析表（定额法）

工程名称：A 工程 　　　　　　标段： 　　　　　　第 1 页 共 1 页

| 项目编码 | 010401001001 | 项目名称 | 砖基础 | 计量单位 | m³ |
|---|---|---|---|---|---|

清单综合单价组成明细

| 定额编号 | 定额项目名称 | 定额单位 | 数量 | 单 价/元 | | | | 合 价/元 | | | |
|---|---|---|---|---|---|---|---|---|---|---|---|
| | | | | 人工费 | 材料费 | 机械费 | 管理费 | 人工费 | 材料费 | 机械费 | 管理费 |
| A3-1 | M5 水泥砂浆砌砖基础 | 10m³ | 0.10 | 873.38 | 2319.10 | 40.35 | 168.68 | 87.34 | 231.91 | 4.04 | 16.87 |
| A7-214 | 1:2 水泥砂浆墙基防潮层 | 100m² | 0.0059 | 1177.11 | 844.07 | 33.10 | 228.12 | 6.94 | 4.98 | 0.20 | 1.35 |
| 人工单价 | | 小 计 | | | | | | 94.28 | 236.89 | 4.24 | 18.22 |
| 60.00 元/工日 | | 未计价材料费 | | | | | | | | | |
| 清单项目综合单价 | | | | | | | | 353.63 | | | |

| 材料费明细 | 主要材料名称、规格、型号 | 单位 | 数量 | 单价/元 | 合价/元 | 暂估单价/元 | 暂估合价/元 |
|---|---|---|---|---|---|---|---|
| | 标准砖 | 千块 | 0.5236 | 380.00 | 198.97 | | |
| | 42.5 水泥 | t | 0.0505 | 410.00 | 20.71 | | |
| | 中砂 | t | 0.3783 | 30.00 | 11.35 | | |
| | 水 | m³ | 0.176 | 5.00 | 0.88 | | |
| | 42.5 水泥 | t | 0.00822 | 410.00 | 3.37 | | |
| | 中砂 | t | 0.0217 | 30.00 | 0.65 | | |
| | 防水粉 | kg | 0.412 | 2.00 | 0.82 | | |
| | 水 | m³ | 0.027 | 5.00 | 0.14 | | |
| | 其他材料费 | | | — | | — | |
| | 材料费小计 | | | — | 236.89 | — | |

## 2. 分部分项全费用法

"分部分项全费用法"是指根据清单工程量项目对应的一个或一个以上的定额工程量，分别套用对应的计价定额项目后，计算出人工费、材料费、机械费、管理费和利润，然后加总再除以清单工程量得出综合单价的方法。

当某工程的砖基础清单工程量为 14.93m³、根据图纸计算出的砖基础防潮层工程量为 8.81m²

时，我们用表6-2的数据来说明"分部分项全费用法"的综合单价分析方法，见表6-3。

表6-3　综合单价分析表（分部分项全费用法）

工程名称：A工程　　　　　　　　　　　标段：　　　　　　　　　　　第1页　共1页

| 项目编码 | 010401001001 | | 项目名称 | 砖基础 | | 计量单位 | m³ |

清单综合单价组成明细

| 定额编号 | 定额项目名称 | 定额单位 | 数量 | 单　价/元 | | | | 合　价/元 | | | |
|---|---|---|---|---|---|---|---|---|---|---|---|
| | | | | 人工费 | 材料费 | 机械费 | 管理费 | 人工费 | 材料费 | 机械费 | 管理费 |
| A3-1 | M5 水泥砂浆砌砖基础 | 10m³ | 1.493 | 584.40 | 2293.77 | 40.35 | 175.32 | 872.51 | 3424.60 | 60.24 | 261.75 |
| A7-214 | 1:2 水泥砂浆墙基防潮层 | 100m² | 0.0881 | 811.80 | 774.82 | 33.10 | 243.54 | 71.52 | 68.26 | 2.92 | 21.46 |
| 人工单价 | | 小　计 | | | | | | 944.03 | 3492.86 | 63.16 | 283.21 |
| 60.00 元/工日 | | 材料费计算 | | | | | | 注：材料费=3492.86÷14.93=233.95 | | | |
| 清单项目综合单价 | | | | | | | | 4783.26÷14.93=320.38 | | | |

| 材料费明细 | 主要材料名称、规格、型号 | 单位 | 数量 | 单价/元 | 合价/元 | 暂估单价/元 | 暂估合价/元 |
|---|---|---|---|---|---|---|---|
| | 标准砖 | 千块 | 0.5236 | 380.00 | 198.97 | | |
| | 42.5 水泥 | t | 0.0505 | 360.00 | 18.18 | | |
| | 中砂 | t | 0.3783 | 30.00 | 11.35 | | |
| | 水 | m³ | 0.176 | 5.00 | 0.88 | | |
| | 42.5 水泥 | t | 0.00822 | 360.00 | 2.96 | | |
| | 中砂 | t | 0.0217 | 30.00 | 0.65 | | |
| | 防水粉 | kg | 0.412 | 2.00 | 0.82 | | |
| | 水 | m³ | 0.027 | 5.00 | 0.14 | | |
| | 其他材料费 | | | — | | — | |
| | 材料费小计 | | | — | 233.95 | — | |

## 3. 分部分项工料机及费用法

上述两种方法不能反映每项清单工程量的全部工料机消耗量。因为要编制工料机统计汇总表就需要这些数据资料，所以设计了"分部分项工料机及费用法"确定综合单价。其计算过程见表6-4。

表 6-4 综合单价分析表（分部分项工料机及费用法）

工程名称：A 工程　　　　　　　　　　标段：　　　　　　　　　　第 1 页 共 1 页

| 序号 | 1 |
|---|---|
| 清单项目编码 | 010401001001 |
| 清单项目名称 | 砖基础 |
| 计量单位 | m³ |
| 清单工程量 | 14.93 |

综合单价分析

| 定额编号 | | | A3-1 | | A7-214 | |
|---|---|---|---|---|---|---|
| 定额子目名称 | | | M5 水泥砂浆砌砖基础 | | 1:2 水泥砂浆墙基防潮层 | |
| 定额计量单位 | | | m³ | | m² | |
| 定额工程量 | | | 14.93 | | 8.81 | |
| 工料机名称 | | 单位 | 消耗量 | 单价/元 | 消耗量 | 单价/元 |
| | | | 小计 | 合价/元 | 小计 | 合价/元 |
| 人工 | 人工 | 工日 | 0.974 | 60.00 | 0.1353 | 60.00 |
| | | | 14.542 | 872.52 | 1.192 | 71.52 |
| 材料 | 标准砖 | 千块 | 0.5236 | 380.00 | | |
| | | | 7.817 | 2970.46 | | |
| | 中砂 | t | 0.3783 | 30.00 | 0.03684 | 30.00 |
| | | | 5.648 | 169.44 | 0.325 | 9.75 |
| | 42.5 水泥 | t | 0.0505 | 360.00 | 0.01394 | 360.00 |
| | | | 0.754 | 271.44 | 0.123 | 44.28 |
| | 防水粉 | kg | | | 0.6983 | 2.00 |
| | | | | | 6.152 | 12.30 |
| | 水 | m³ | 0.176 | 5.00 | 0.0456 | 5.00 |
| | | | 2.628 | 13.14 | 0.402 | 2.01 |
| | | | | | | |
| | | | | | | |
| 机械 | 灰浆搅拌机 | 台班 | 0.039 | 103.45 | 0.0032 | 103.45 |
| | | | 0.582 | 60.21 | 0.028 | 2.90 |
| 工料机小计/元 | | | 4357.21 | | 142.76 | |
| 工料机合计/元 | | | 4499.97 | | | |
| 管理费/元 | | | 人工费×30% =（872.52 + 71.52）×30% = 283.21 | | | |
| 利润/元 | | | | | | |
| 清单费合计/元 | | | 4783.18 | | | |
| 综合单价/元 | | | 清单费合计÷清单工程量 = 4783.18÷14.93 = 320.37 | | | |
| 其中 | | | 人工 | 材料费 | 机械费 | 管理费、利润 |
| | | | 63.23 | 233.94 | 4.23 | 18.97 |

说明：管理费、利润 = 定额人工费×30% 是某地区规定。

## 6.3 分部分项工程费和单价措施项目费计算

### 6.3.1 分部分项工程费计算

根据分部分项清单工程量乘以对应的综合单价就得出了分部分项工程费。分部分项工程费是根据招标工程量清单，通过"分部分项工程和单价措施项目计价表"实现的。

例如，某工程的砖基础、混凝土基础垫层清单工程量、项目编码、项目特征描述、计量单位、综合单价见表6-5，计算其分部分项工程费。

表6-5 分部分项工程和措施项目计价表（部分）

工程名称：A工程　　　　　　　　　　标段：　　　　　　　　　　第1页 共1页

| 序号 | 项目编码 | 项目名称 | 项目特征描述 | 计量单位 | 工程量 | 金额/元 | | |
|---|---|---|---|---|---|---|---|---|
| | | | | | | 综合单价 | 合价 | 其中 暂估价 |
| D. 砌筑工程 | | | | | | | | |
| 1 | 010401001001 | 砖基础 | 1. 砖品种、规格、强度等级：页岩砖、240mm×115mm×53mm、MU7.5<br>2. 基础类型：带型<br>3. 砂浆强度等级：M5水泥砂浆<br>4. 防潮层材料种类：<br>　1:2防水砂浆 | m³ | 56.56 | 320.39 | 18121.26 | |
| | | | 分部小计 | | | | 18121.26 | |
| E. 混凝土及钢筋混凝土工程 | | | | | | | | |
| 2 | 010501001001 | 基础垫层 | 1. 混凝土类别：<br>碎石塑性混凝土<br>2. 强度等级：C15 | m³ | 18.20 | 321.50 | 5851.30 | |
| | | | 分部小计 | | | | 5851.30 | |
| | | | | | | | | |
| | | | 本页小计 | | | | 23972.56 | |
| | | | 合　计 | | | | 23972.56 | |

### 6.3.2 单价措施项目费计算

根据单价措施项目清单工程量乘以对应的综合单价就得出了单价措施项目费。单价措施项目费是根据招标工程量清单，通过"分部分项工程和单价措施项目计价表"实现的。

例如，某工程的脚手架、现浇矩形梁模板的清单工程量、项目编码、项目特征描述、计量单位、综合单价见表6-6，计算其单价措施项目费。

表6-6 分部分项工程和措施项目计价表（部分）

工程名称：A工程　　　　　　　标段：　　　　　　　　　　第1页 共1页

| 序号 | 项目编码 | 项目名称 | 项目特征描述 | 计量单位 | 工程量 | 综合单价 | 合价 | 其中 暂估价 |
|---|---|---|---|---|---|---|---|---|
| | | | S. 措施项目 | | | | | |
| | | | S.1 脚手架工程 | | | | | |
| 1 | 011701001001 | 综合脚手架 | 建筑结构形式：框架 檐口高度：6m | m² | 546.88 | 28.97 | 15843.11 | |
| | | | 小计 | | | | 15843.11 | |
| | | | S.2 混凝土模板及支架 | | | | | |
| 2 | 011702006001 | 矩形梁模板 | 支撑高度：3m | m² | 31.35 | 53.50 | 1677.23 | |
| | | | 小计 | | | | 1677.23 | |
| | | | 分部小计 | | | | 17520.34 | |
| | | | | | | | | |
| | | | 本页小计 | | | | 17520.34 | |
| | | | 合　计 | | | | 17520.34 | |

# 6.4　总价措施项目费计算

## 6.4.1　总价措施项目的概念

总价措施项目是指清单措施项目中，无工程量计算规则，以"项"为单位，采用规定的计算基数和费率计算总价的项目。

例如，"安全文明施工费""二次搬运费""冬雨季施工费"等，就是不能计算工程量，只能计算总价的措施项目。

## 6.4.2　总价措施项目计算方法

总价措施项目是按规定的基数采用规定的费率通过"总价措施项目清单与计价表"来计算的。

例如，A工程的"安全文明施工费""夜间施工增加费"总价措施项目，按规定以定额人工费分别乘以26%和3%计算。该工程的定额人工费为222518元，总价措施项目费计算过程见表6-7。

表6-7 总价措施项目清单与计价表

工程名称：A工程　　　　　　　　　　标段：　　　　　　　　　　第1页 共1页

| 序号 | 项目编码 | 项目名称 | 计算基础 | 费率（%） | 金额（元） | 调整费率（%） | 调整后金额（元） | 备注 |
|---|---|---|---|---|---|---|---|---|
| 1 | 011707001001 | 安全文明施工费 | 定额人工费（222518） | 26 | 57854.68 | | | |
| 2 | 011707002001 | 夜间施工增加费 | 定额人工费（222518） | 3.0 | 6675.54 | | | |
| 3 | 011707004001 | 二次搬运费 | （本工程不计算） | | | | | |
| 4 | 011707005001 | 冬雨季施工增加费 | （本工程不计算） | | | | | |
| 5 | 011707007001 | 已完工程及设备保护费 | （本工程不计算） | | | | | |
| | | | | | | | | |
| | | | | | | | | |
| | | 合　计 | | | 64530.22 | | | |

编制人（造价人员）：×××　　　　　　　复核人（造价工程师）：×××

## 6.5 其他项目费计算

### 6.5.1 其他项目费的内容

其他项目包括：暂列金额、暂估价、计日工、总承包服务费。

1. 暂列金额

暂列金额是招标人在工程量清单中暂定并包括在合同价款中的一笔款项。

主要用于工程合同签订时尚未确定或者不可预见的所需材料、工程设备、服务的采购的费用，用于施工中可能发生的工程变更、合同约定调整因素出现时，合同价款调整费用，以及发生的工程索赔、现场签证确认的各项费用。

例如，支付工程施工中应业主要求，增加3道防盗门的费用。

2. 暂估价

暂估价是招标人在工程量清单中提供的，用于支付必然发生的但暂时不能确定价格的材料和工程设备的单价，以及专业工程的金额。

例如，工程需要安装一种新型的断桥铝合金窗，各厂商的报价还不确定，所以在招标工程量清单中暂估为800元/m²。等工程实施过程中在由业主和承包商共同商定最终价格。

在招标时，智能化工程图纸还没有进行工艺设计，不能准确计算招标控制价。这时就采用专业工程暂估价的方式，给出一笔专业工程的金额。

3. 计日工

计日工是指在施工过程中，承包人完成发包人提出的工程合同范围以外的零星项目或工作，按合同中约定的单价计价的一种方式。

例如，发包人提出了施工图以外的混凝土便道的施工要求，给出完成道路的人工、材料、机械台班数量，投标人在报价时自主填上对应的综合单价，计算出工料机合价和管理费利润后，汇总成总计。

**4. 总承包服务费**

总承包服务费是指总承包人为配合发包人进行的专业工程发包，对发包人自行采购的材料、工程设备等进行保管以及施工现场管理、竣工资料汇总整理等服务所需的费用。

### 6.5.2 其他项目费计算

**1. 编制招标控制价时其他项目费的计算**

编制招标控制价时，其他项目费应按下列规定计算：

1）暂列金额应按招标工程量清单中列出的金额填写；

2）暂估价中的材料、工程设备单价应按招标工程量清单中列出的金额填写；

3）暂估价中的专业工程金额应按招标工程量清单中列出的金额填写；

4）计日工应按招标工程量清单中列出的项目，根据工程特点和有关计价依据确定综合单价计算；

5）总承包服务费应根据招标工程量清单中列出的内容和要求估算。

**2. 编制投标报价时其他项目费的计算**

编制投标报价时，其他项目费应按下列规定计算：

1）暂列金额应按招标工程量清单中列出的金额填写；

2）材料、工程设备暂估价应按招标工程量清单中列出的单价计入综合单价；

3）专业工程暂估价应按招标工程量清单中列出的金额填写；

4）计日工应按招标工程量清单中列出的项目和数量，自主确定综合单价并计算计日工金额；

5）总承包服务费应根据招标工程量清单中列出的内容和提出的要求自主确定。

## 6.6 规费、税金计算

### 6.6.1 规费的概念

规费是指根据国家法律、法规规定，由省级政府或有关权力部门规定施工企业必须缴纳的，应计入建筑安装工程造价的费用，不得作为竞争性费用。

地方有关权力部门主要指省级建设行政主管部门——省住房和城乡建设厅。

### 6.6.2 规费的内容

规费的内容包括：

**1. 社会保险费**

包括养老保险费、失业保险费、医疗保险费、工伤保险费和生育保险费。

**2. 住房公积金**

住房公积金是指国家机关、国有企业、城镇集体企业、外商投资企业、城镇私营企业及其他城镇企业、事业单位为在职职工缴存的长期住房储金。

**3. 工程排污费**

建标〔2013〕44号文规定：工程排污费是指按规定缴纳的施工现场工程排污费。

建筑行业涉及的排污费主要有噪声超标排污费。

施工单位建筑排污费有三种计算方法：①按工程面积计算；②按监测数据超标计算；③按施工期限计算。

### 6.6.3 规费的计算方法

计算规费需要两个条件：一是计算基础；二是费率。

计算方法是：规费＝计算基础×费率。

计算基数和费率一般由各省、市、自治区规定。通常是以工程项目的定额直接费为规费的计算基数然后乘以规定的费率。即：××规费＝分部分项工程和单价措施项目定额直接费×对应费率。

一些地区将规费费率按企业等级进行核定，各个企业等级的规费费率是不同的。

营改增后工程
造价计算方法

### 6.6.4 税金的概念

税金是指国家税法规定的，应计入建筑安装工程造价内的增值税。

### 6.6.5 税金的计算方法

我国税法规定：增值税金＝税前造价×税率。

## 6.7 工程量清单报价案例分析

 案例

**1. 背景资料**

某单位接待室工程施工图设计说明及施工图，如图5-3、图5-4所示。招标工程量清单见第5章的5.2案例。

**2. 问题**

根据某单位接待室工程招标工程量清单、《建设工程工程量清单计价规范》（GB 50500—2013）、《房屋建筑与装饰工程工程量计算规范》（GB 50854—2013）、某单位接待室工程施工图设计说明及施工图，计算该工程投标报价。

**3. 答案**

根据某单位接待室工程的招标文件（略）、招标工程量清单、《建设工程工程量清单计价规范》（GB 50500—2013）、《房屋建筑与装饰工程工程量计算规范》（GB 50854—2013）、某单位接待室工程施工图设计说明及施工图、地区计价定额、工料机单价和费用定额及计价

办法，编制的该工程投标报价书。

说明：依装订顺序按照该工程投标报价书构成的内容（1-8）表述如下：

1. 投标总价封面　　　　　　　　　　　　见表6-17
2. 总说明　　　　　　　　　　　　　　　见表6-16
3. 单位工程投标报价汇总表　　　　　　　见表6-15
4. 规费、税金项目计价表　　　　　　　　见表6-14
5. 其他项目清单与计价汇总表　　　　　　见表6-13
6. 总价措施项目清单与计价表　　　　　　见表6-12
7. 分部分项工程和单价措施项目清单与计价表　见表6-11
8. 综合单价分析表　　　　　　　　　　　见表6-10
9. 定额工程量计算表　　　　　　　　　　见表6-9

注：本案例采用的某地区费用定额见表6-8。

表6-8　某地区建筑安装工程费用标准

| 序号 | 费用名称 | | 建筑与装饰工程 | | 安装工程 | |
|---|---|---|---|---|---|---|
| | | | 计算基数 | 费率（%） | 计算基数 | 费率（%） |
| 1 | 直接费 | | ∑分部分项工程费 + 单价措施项目费 | | | |
| 2 | 企业管理费 | | ∑分部分项、单价措施项目定额人工费 + 定额机械费 | 17 | 定额人工费 | 18 |
| 3 | 利润 | | | 10 | | 13 |
| 4 | 总价措施费 | 安全文明施工费 | ∑分部分项、单价措施项目人工费 | 25 | ∑分部分项、单价措施项目人工费 | 25 |
| 5 | | 夜间施工增加费 | | 2 | | 2 |
| 6 | | 冬、雨季施工增加费 | ∑分部分项工程费 | 0.5 | ∑分部分项工程费 | 0.5 |
| 7 | | 二次搬运费 | ∑分部分项工程费 + 单价措施项目费 | 1 | ∑分部分项工程费 + 单价措施项目费 | 1 |
| 8 | | 提前竣工费 | 按经审定的赶工措施方案计算 | | | |
| 9 | 其他项目费 | 暂列金额 | ∑分部分项工程费 + 措施项目费 | 5~10 | ∑分部分项工程费 + 措施项目费 | 5~10 |
| 10 | | 总承包服务费 | 分包工程造价 | 3 | 分包工程造价 | 3 |
| 11 | | 计日工 | 按暂定工程量×单价 | | 按暂定工程量×单价 | |
| 12 | 规费 | 社会保险费 | ∑分部分项、单价措施项目人工费 | 16 | ∑分部分项、单价措施项目人工费 | 16 |
| 13 | | 住房公积金 | | 3 | | 3 |
| 14 | | 工程排污费 | ∑分部分项工程费 | 0.5 | ∑分部分项工程费 | 0.5 |
| 15 | 增值税 | | 税前造价（序1~序14之和） | 9.0 | 税前造价（序1~序14之和） | 9.0 |
| 16 | 工程造价 | | 序1~序15之和 | | 序1~序15之和 | |

**编制步骤如下：**

**第一步：复核分部分项和单价措施项目的清单工程量。当清单工程量与定额工程量的计算规则不同时，编制综合单价需计算定额工程量。**

接待室工程综合单价分析所需清单工程量与定额工程量的计算见表6-9。

表6-9 综合单价分析所需清单工程量与定额工程量计算表

工程名称：接待室工程

| 序号 | 清单工程量项目与计算 | | | | | 定额工程量项目与计算 | | | | |
|---|---|---|---|---|---|---|---|---|---|---|
| | 项目编码 | 项目名称 | 单位 | 数量 | 计算式 | 定额编号 | 项目名称 | 单位 | 数量 | 计算式 |
| 1 | 010101001001 | 平整场地 | m² | 48.86 | $S = (3.60 + 3.30 + 2.70 + 0.24) \times (5.0 + 0.24) - 2.70 \times 2.0 \times 0.5 = 51.56 - 2.70 = 48.86m^2$ 清单规范计算规则：按设计图示尺寸以建筑物首层建筑面积计算 | A1-39 | 平整场地 | m² | 51.56 | $(9.60 + 0.24) \times (5.0 + 0.24) = 51.56m^2$ 定额计算规则：按设计图示尺寸以建筑物首层面积计算 |
| 2 | 011105001001 | 水泥砂浆踢脚线 | m² | 6.14 | $S = $ 各房间踢脚线长 $\times$ 踢脚线高 $= [(3.60 - 0.24 + 5.0 - 0.24) \times 2 + (3.30 - 0.24 + 5.0 - 0.24) \times 2 + (2.70 - 0.24 + 3.0 - 0.24) \times 2 + (2.70 + 2.00) \times 2$ (注：檐廊处) $- (0.9 \times 4 \times 2)$ (注：门洞处) $+ 4 \times (0.24 - 0.10) \times 2$ (注：门洞口侧面)] $\times 0.15$ $= (16.24 + 15.64 + 10.44 + 4.70 - 7.20 + 1.12) \times 0.15 = 40.94 \times 0.15 = 6.14m^2$ 清单规范计算规则：按设计图示长度乘以高度以面积计算 | B1-199 | 水泥砂浆踢脚线 | m² | 6.35 | $S = 0.15 \times [(3.60 - 0.24 + 5.0 - 0.24) \times 2 + (3.30 - 0.24 + 5.0 - 0.24) \times 2 + (3.0 - 0.24 + 2.70 - 0.24) \times 2]$ $= 0.15 \times 42.32$ $= 6.35m^2$ 定额计算规则：按设计图示尺寸以面积计算。不扣除门洞宽度，门洞侧面也不增加 |

**第二步：进行综合单价分析，见表 6-10。**

方法：根据地区计价定额、工料机单价，应用《建设工程工程量清单计价规范》中规定的统一表格（表-09），进行接待室工程综合单价分析。

（说明：该工程的分项工程和单价措施项目共有 39 个项目，应一一进行综合单价分析，由于各地区的计价定额的不同，本教材未列出计价定额的摘录，所以，只例举了前 15 个项目进行分析方法示意，后略。）

表 6-10　综合单价分析表

工程名称：接待室工程　　　　　　　　　标段：　　　　　　　第 1 页　共 15 页

| 项目编码 | | 010101001001 | | 项目名称 | | 平整场地 | 计量单位 | | m² |
|---|---|---|---|---|---|---|---|---|---|

清单综合单价组成明细

| 定额编号 | 定额项目名称 | 定额单位 | 数量 | 单　价/元 | | | | 合　价/元 | | | |
|---|---|---|---|---|---|---|---|---|---|---|---|
| | | | | 人工费 | 材料费 | 机械费 | 管理费和利润 | 人工费 | 材料费 | 机械费 | 管理费和利润 |
| A1-39 | 平整场地 | 100m² | 0.01055 | 142.88 | | | 38.58 | 1.51 | | | 0.41 |
| | | | | | | | | | | | |
| | | | | | | | | | | | |
| | | | | | | | | | | | |
| 人工单价 | | 小　　计 | | | | | | 1.51 | | | 0.41 |
| 元/工日 | | 未计价材料费 | | | | | | | | | |
| 清单项目综合单价 | | | | | | | | 1.92 | | | |

| | 主要材料名称、规格、型号 | 单位 | 数量 | 单价/元 | 合价/元 | 暂估单价/元 | 暂估合价/元 |
|---|---|---|---|---|---|---|---|
| 材料费明细 | | | | | | | |
| | | | | | | | |
| | | | | | | | |
| | | | | | | | |
| | 其他材料费 | | | — | | — | |
| | 材料费小计 | | | — | | — | |

注：1. 如不使用省级或行业建设主管部门发布的计价依据，可不填写定额编号、名称等。

　　2. 招标文件提供了暂估单价的材料，按暂估的单价填入表内"暂估单价"栏及"暂估合价"栏。

　　说明：此表数量栏的数量＝定额工程量÷清单工程量＝51.56÷48.86＝1.055

　　管理费和利润＝（人工费＋机械费）×27%（某地区费用定额）（以下各表相同）

（续）

| 工程名称：接待室工程 | | | | | | 标段： | | | | 第2页　共15页 | |

| 项目编码 | 010101003001 | | | 项目名称 | | | 挖基槽土方（墙基） | | 计量单位 | | m³ |
|---|---|---|---|---|---|---|---|---|---|---|---|

清单综合单价组成明细

| 定额编号 | 定额项目名称 | 定额单位 | 数量 | 单　价/元 | | | | 合　价/元 | | | |
|---|---|---|---|---|---|---|---|---|---|---|---|
| | | | | 人工费 | 材料费 | 机械费 | 管理费和利润 | 人工费 | 材料费 | 机械费 | 管理费和利润 |
| A1-11 | 人工挖沟槽、基坑 | 100m³ | 0.01 | 1529.38 | | | 412.93 | 15.29 | | | 4.13 |
| | | | | | | | | | | | |
| | | | | | | | | | | | |
| | | | | | | | | | | | |
| 人工单价 | | 小　计 | | | | | | 15.29 | | | 4.13 |
| 元/工日 | | 未计价材料费 | | | | | | | | | |
| 清单项目综合单价 | | | | | | | | 19.42 | | | |

| 材料费明细 | 主要材料名称、规格、型号 | 单　位 | 数量 | 单价/元 | 合价/元 | 暂估单价/元 | 暂估合价/元 |
|---|---|---|---|---|---|---|---|
| | | | | | | | |
| | | | | | | | |
| | | | | | | | |
| | | | | | | | |
| | | | | | | | |
| | | | | | | | |
| | 其他材料费 | | | | — | | — |
| | 材料费小计 | | | | — | | — |

（续）

工程名称：接待室工程　　　　　　　标段：　　　　　　　第3页 共15页

| 项目编码 | 010101004001 | 项目名称 | 挖基坑土方（柱基） | 计量单位 | m³ |
|---|---|---|---|---|---|

清单综合单价组成明细

| 定额编号 | 定额项目名称 | 定额单位 | 数量 | 单　价/元 | | | | 合　价/元 | | | |
|---|---|---|---|---|---|---|---|---|---|---|---|
| | | | | 人工费 | 材料费 | 机械费 | 管理费和利润 | 人工费 | 材料费 | 机械费 | 管理费和利润 |
| A1-11 | 人工挖沟槽、基坑 | 100m³ | 0.01 | 1529.38 | | | 412.93 | 15.29 | | | 4.13 |
| | | | | | | | | | | | |
| | | | | | | | | | | | |
| | | | | | | | | | | | |
| 人工单价 | | | 小　计 | | | | | | | | |
| 元/工日 | | | 未计价材料费 | | | | | | | | |

清单项目综合单价

| | 主要材料名称、规格、型号 | 单　位 | 数　量 | 单价/元 | 合价/元 | 暂估单价/元 | 暂估合价/元 |
|---|---|---|---|---|---|---|---|
| 材料费明细 | | | | | | | |
| | | | | | | | |
| | | | | | | | |
| | | | | | | | |
| | | | | | | | |
| | | | | | | | |
| | | | | | | | |
| | 其他材料费 | | | — | | — | |
| | 材料费小计 | | | — | | — | |

（续）

| 项目编码 | 010103001001 | | 项目名称 | | 基础回填土 | | 计量单位 | | m³ |
|---|---|---|---|---|---|---|---|---|---|

清单综合单价组成明细

| 定额编号 | 定额项目名称 | 定额单位 | 数量 | 单价/元 | | | | 合价/元 | | | |
|---|---|---|---|---|---|---|---|---|---|---|---|
| | | | | 人工费 | 材料费 | 机械费 | 管理费和利润 | 人工费 | 材料费 | 机械费 | 管理费和利润 |
| A1-41 | 回填土（夯填） | 100m³ | 0.01 | 1332.45 | | 250.01 | 427.26 | 13.32 | | 2.50 | 4.27 |
| | | | | | | | | | | | |
| | | | | | | | | | | | |
| | | | | | | | | | | | |
| 人工单价 | | 小　　计 | | | | | | 13.32 | | 2.50 | 4.27 |
| 元/工日 | | 未计价材料费 | | | | | | | | | |
| 清单项目综合单价 | | | | | | | | 20.09 | | | |

| 材料费明细 | 主要材料名称、规格、型号 | 单位 | 数量 | 单价/元 | 合价/元 | 暂估单价/元 | 暂估合价/元 |
|---|---|---|---|---|---|---|---|
| | | | | | | | |
| | | | | | | | |
| | | | | | | | |
| | | | | | | | |
| | | | | | | | |
| | | | | | | | |
| | 其他材料费 | | | — | | — | |
| | 材料费小计 | | | — | | — | |

（续）

| 项目编码 | 010103001002 | 项目名称 | 室内回填土 | 计量单位 | m³ |
|---|---|---|---|---|---|

清单综合单价组成明细

| 定额编号 | 定额项目名称 | 定额单位 | 数量 | 单价/元 | | | | 合价/元 | | | |
|---|---|---|---|---|---|---|---|---|---|---|---|
| | | | | 人工费 | 材料费 | 机械费 | 管理费和利润 | 人工费 | 材料费 | 机械费 | 管理费和利润 |
| A1-41 | 回填土（夯填） | 100m³ | 0.01 | 1332.45 | | 250.01 | 427.26 | 13.32 | | 2.50 | 4.27 |
| | | | | | | | | | | | |
| | | | | | | | | | | | |
| | | | | | | | | | | | |
| | | | | | | | | | | | |
| 人工单价 | | 小　计 | | | | | | 13.32 | | 2.50 | 4.27 |
| 元/工日 | | 未计价材料费 | | | | | | | | | |
| 清单项目综合单价 | | | | | | | | 20.09 | | | |

| 材料费明细 | 主要材料名称、规格、型号 | 单　位 | 数　量 | 单价/元 | 合价/元 | 暂估单价/元 | 暂估合价/元 |
|---|---|---|---|---|---|---|---|
| | | | | | | | |
| | | | | | | | |
| | | | | | | | |
| | | | | | | | |
| | | | | | | | |
| | | | | | | | |
| | | | | | | | |
| | 其他材料费 | | | — | | — | |
| | 材料费小计 | | | — | | — | |

工程造价案例分析　第4版

（续）

工程名称：接待室工程　　　　　　　标段：　　　　　　　第 6 页　共 15 页

| 项 目 编 码 | 010103002001 | 项 目 名 称 | | | 余土外运 | | | 计 量 单 位 | m³ |

清单综合单价组成明细

| 定额编号 | 定额项目名称 | 定额单位 | 数量 | 单 价/元 | | | | 合 价/元 | | | |
|---|---|---|---|---|---|---|---|---|---|---|---|
| | | | | 人工费 | 材料费 | 机械费 | 管理费和利润 | 人工费 | 材料费 | 机械费 | 管理费和利润 |
| A1-153 | 装卸机运土方 | 1000m³ | 0.001 | 271.19 | | 2851.49 | 843.12 | 0.27 | | 2.85 | 0.84 |
| A1-163 + A1-164 | 汽车运土方 | 1000m³ | 0.001 | | | 10005.19 | 2701.40 | | | 10.01 | 2.70 |
| 人工单价 | | | 小　计 | | | | | 0.27 | | 12.86 | 3.54 |
| 元/工日 | | | 未计价材料费 | | | | | | | | |
| 清单项目综合单价 | | | | | | | | 16.67 | | | |

| | 主要材料名称、规格、型号 | 单 位 | 数 量 | 单价/元 | 合价/元 | 暂估单价/元 | 暂估合价/元 |
|---|---|---|---|---|---|---|---|
| 材料费明细 | | | | | | | |
| | | | | | | | |
| | | | | | | | |
| | | | | | | | |
| | | | | | | | |
| | | | | | | | |
| | | | | | | | |
| | 其他材料费 | | | — | | — | |
| | 材料费小计 | | | — | | — | |

106

（续）

工程名称：接待室工程　　　　　　　　标段：　　　　　　　第7页　共15页

| 项目编码 | 010401001001 | 项目名称 | 砖基础 | 计量单位 | m³ |
|---|---|---|---|---|---|

清单综合单价组成明细

| 定额编号 | 定额项目名称 | 定额单位 | 数量 | 单价/元 | | | | 合价/元 | | | |
|---|---|---|---|---|---|---|---|---|---|---|---|
| | | | | 人工费 | 材料费 | 机械费 | 管理费和利润 | 人工费 | 材料费 | 机械费 | 管理费和利润 |
| A3-1 | 砖基础 | 10m³ | 0.1 | 584.40 | 2363.50 | 40.35 | 168.68 | 58.44 | 236.35 | 4.04 | 16.87 |
| | | | | | | | | | | | |
| | | | | | | | | | | | |
| | | | | | | | | | | | |
| | | | | | | | | | | | |
| 人工单价 | | 小　计 | | | | | | 58.44 | 236.35 | 4.04 | 16.87 |
| 元/工日 | | 未计价材料费 | | | | | | | | | |
| 清单项目综合单价 | | | | | | | | 315.70 | | | |

| 材料费明细 | 主要材料名称、规格、型号 | 单位 | 数量 | 单价/元 | 合价/元 | 暂估单价/元 | 暂估合价/元 |
|---|---|---|---|---|---|---|---|
| | 标准砖 240mm×115mm×53mm | 千块 | 0.5236 | 380.00 | 198.97 | | |
| | 水泥 32.5 | t | 0.051 | 360.00 | 18.36 | | |
| | 中砂 | m³ | 0.378 | 48.00 | 18.14 | | |
| | 水 | m³ | 0.176 | 5.00 | 0.88 | | |
| | 水泥砂浆 M5（中砂） | m³ | (0.236) | | | | |
| | | | | | | | |
| | 其他材料费 | | | — | — | | |
| | 材料费小计 | | | — | 236.35 | — | |

说明：定额中的中砂单价为 30.00 元/m³，现调为 48.00 元/m³。（后同）

（续）

| 工程名称：接待室工程 | | | 标段： | | | | | 第8页　共15页 | | | |

| 项目编码 | 010401003001 | | | 项目名称 | | | 实心砖墙 | | 计量单位 | | m³ |

清单综合单价组成明细

| 定额编号 | 定额项目名称 | 定额单位 | 数量 | 单价/元 | | | | 合价/元 | | | |
|---|---|---|---|---|---|---|---|---|---|---|---|
| | | | | 人工费 | 材料费 | 机械费 | 管理费和利润 | 人工费 | 材料费 | 机械费 | 管理费和利润 |
| A3-3 | 砖砌内外墙 | 10m³ | 0.10 | 798.60 | 2430.40 | 39.31 | 226.24 | 79.86 | 243.04 | 3.93 | 22.62 |
| | | | | | | | | | | | |
| | | | | | | | | | | | |
| | | | | | | | | | | | |
| 人工单价 | | 小　计 | | | | | | 79.86 | 243.04 | 3.93 | 22.62 |
| 元/工日 | | 未计价材料费 | | | | | | | | | |
| 清单项目综合单价 | | | | | | | | 349.45 | | | |

| | 主要材料名称、规格、型号 | 单位 | 数量 | 单价/元 | 合价/元 | 暂估单价/元 | 暂估合价/元 |
|---|---|---|---|---|---|---|---|
| 材料费明细 | 标准砖 240mm×115mm×53mm | 千块 | 0.531 | 380.00 | 201.78 | | |
| | 水泥 32.5 | t | 0.048 | 360.00 | 17.28 | | |
| | 中砂 | m³ | 0.361 | 48.00 | 17.33 | | |
| | 生石灰 | t | 0.019 | 290.00 | 5.51 | | |
| | 水 | m³ | 0.228 | 5.00 | 1.14 | | |
| | 水泥石灰砂浆 M5（中砂） | m³ | (0.225) | | | | |
| | 其他材料费 | | | — | | — | |
| | 材料费小计 | | | — | 243.04 | — | |

（续）

工程名称：接待室工程　　　　　　　标段：　　　　　　　第9页　共15页

| 项目编码 | 010401009001 | 项目名称 | 实心砖柱 | 计量单位 | m³ |
|---|---|---|---|---|---|

清单综合单价组成明细

| 定额编号 | 定额项目名称 | 定额单位 | 数量 | 单价/元 | | | | 合价/元 | | | |
|---|---|---|---|---|---|---|---|---|---|---|---|
| | | | | 人工费 | 材料费 | 机械费 | 管理费和利润 | 人工费 | 材料费 | 机械费 | 管理费和利润 |
| A3-8 | 砌砖柱 | 10m³ | 0.10 | 918.60 | 2430.40 | 39.31 | 258.64 | 91.86 | 243.04 | 3.93 | 25.86 |
| | | | | | | | | | | | |
| | | | | | | | | | | | |
| | | | | | | | | | | | |
| 人工单价 | | | 小　计 | | | | | 91.86 | 243.04 | 3.93 | 25.86 |
| 元/工日 | | | 未计价材料费 | | | | | | | | |
| | | 清单项目综合单价 | | | | | | 364.69 | | | |

| | 主要材料名称、规格、型号 | 单位 | 数量 | 单价/元 | 合价/元 | 暂估单价/元 | 暂估合价/元 |
|---|---|---|---|---|---|---|---|
| 材料费明细 | 标准砖 240mm×115mm×53mm | 千块 | 0.531 | 380.00 | 201.78 | | |
| | 水泥 32.5 | t | 0.048 | 360.00 | 17.28 | | |
| | 中砂 | m³ | 0.361 | 48.00 | 17.33 | | |
| | 生石灰 | t | 0.019 | 290.00 | 5.51 | | |
| | 水 | m³ | 0.228 | 5.00 | 1.14 | | |
| | 水泥石灰砂浆 M5（中砂） | m³ | (0.225) | | | | |
| | | | | | | | |
| | 其他材料费 | | | — | | — | |
| | 材料费小计 | | | — | 243.04 | — | |

工程造价案例分析　第4版

（续）

工程名称：接待室工程　　　　　　　标段：　　　　　　第 10 页　共 15 页

| 项 目 编 码 | 010501001001 | | 项 目 名 称 | | 基础垫层 | 计 量 单 位 | m³ |
|---|---|---|---|---|---|---|---|

清单综合单价组成明细

| 定额编号 | 定额项目名称 | 定额单位 | 数量 | 单　价/元 | | | | 合　价/元 | | | |
|---|---|---|---|---|---|---|---|---|---|---|---|
| | | | | 人工费 | 材料费 | 机械费 | 管理费和利润 | 人工费 | 材料费 | 机械费 | 管理费和利润 |
| B1-24 | 混凝土基础垫层 | 10m³ | 0.10 | 927.36 | 1918.30 | 87.28 | 314.54 | 92.74 | 191.83 | 8.73 | 31.45 |
| | | | | | | | | | | | |
| | | | | | | | | | | | |
| | | | | | | | | | | | |
| | | | | | | | | | | | |
| 人工单价 | | 小　计 | | | | | | 92.74 | 191.83 | 8.73 | 31.45 |
| 元/工日 | | 未计价材料费 | | | | | | | | | |
| 清单项目综合单价 | | | | | | | | 324.75 | | | |

| | 主要材料名称、规格、型号 | 单 位 | 数 量 | 单价/元 | 合价/元 | 暂估单价/元 | 暂估合价/元 |
|---|---|---|---|---|---|---|---|
| 材料费明细 | 水泥 32.5 | t | 0.263 | 360.00 | 94.68 | | |
| | 中砂 | m³ | 0.762 | 48.00 | 36.58 | | |
| | 碎石 | m³ | 1.361 | 42.00 | 57.16 | | |
| | 水 | m³ | 0.682 | 5.00 | 3.41 | | |
| | 现浇混凝土（中砂碎石）C20-40 | m³ | (1.01) | | | | |
| | 其他材料费 | | | — | | — | |
| | 材料费小计 | | | — | 191.83 | — | |

注：某地区定额规定装饰定额的垫层项目如用于基础垫层时，人工、机械乘以系数 1.2。

（续）

| 项目编码 | 010501001002 | 项目名称 | | 地面垫层 | | | 计量单位 | | $m^3$ |
|---|---|---|---|---|---|---|---|---|---|

清单综合单价组成明细

| 定额编号 | 定额项目名称 | 定额单位 | 数量 | 单　价/元 | | | | 合　价/元 | | | |
|---|---|---|---|---|---|---|---|---|---|---|---|
| | | | | 人工费 | 材料费 | 机械费 | 管理费和利润 | 人工费 | 材料费 | 机械费 | 管理费和利润 |
| B1-24 | 混凝土地面垫层 | $10m^3$ | 0.10 | 772.8 | 1906.00 | 72.73 | 226.24 | 77.28 | 19.06 | 7.27 | 2.62 |
| | | | | | | | | | | | |
| | | | | | | | | | | | |
| | | | | | | | | | | | |
| 人工单价 | | | 小　计 | | | | | 77.28 | 19.06 | 7.27 | 2.62 |
| 元/工日 | | | 未计价材料费 | | | | | | | | |
| 清单项目综合单价 | | | | | | | | 106.23 | | | |

| | 主要材料名称、规格、型号 | 单　位 | 数　量 | 单价/元 | 合价/元 | 暂估单价/元 | 暂估合价/元 |
|---|---|---|---|---|---|---|---|
| 材料费明细 | 水泥 32.5 | t | 0.026 | 360.00 | 9.36 | | |
| | 中砂 | $m^3$ | 0.076 | 48.00 | 3.65 | | |
| | 碎石 | $m^3$ | 0.136 | 42.00 | 5.71 | | |
| | 水 | $m^3$ | 0.068 | 5.00 | 0.34 | | |
| | 现浇混凝土（中砂碎石）C15-40 | $m^3$ | (0.10) | | | | |
| | | | | | | | |
| | | | | | | | |
| | 其他材料费 | | | — | | — | |
| | 材料费小计 | | | — | 19.06 | — | |

工程名称：接待室工程　　　　　　标段：　　　　　第 12 页　共 15 页

| 项目编码 | 010503002001 | 项目名称 | | 矩形梁 | | 计量单位 | | m³ |
|---|---|---|---|---|---|---|---|---|

清单综合单价组成明细

| 定额编号 | 定额项目名称 | 定额单位 | 数量 | 单价/元 | | | | 合价/元 | | | |
|---|---|---|---|---|---|---|---|---|---|---|---|
| | | | | 人工费 | 材料费 | 机械费 | 管理费和利润 | 人工费 | 材料费 | 机械费 | 管理费和利润 |
| A4-21-24 | 混凝土矩形梁 | 10m³ | 0.10 | 900.60 | 2143.00 | 112.71 | 273.59 | 90.06 | 214.30 | 11.27 | 27.36 |
| | | | | | | | | | | | |
| | | | | | | | | | | | |
| | | | | | | | | | | | |
| 人工单价 | | 小　计 | | | | | | 90.06 | 214.30 | 11.27 | 27.36 |
| 元/工日 | | 未计价材料费 | | | | | | | | | |
| 清单项目综合单价 | | | | | | | | 342.99 | | | |

| 主要材料名称、规格、型号 | 单位 | 数量 | 单价/元 | 合价/元 | 暂估单价/元 | 暂估合价/元 |
|---|---|---|---|---|---|---|
| 水泥 32.5 | t | 0.325 | 360.00 | 117.00 | | |
| 中砂 | m³ | 0.669 | 48.00 | 32.11 | | |
| 碎石 | m³ | 1.366 | 42.00 | 57.37 | | |
| 塑料薄膜 | m² | 2.380 | 0.80 | 1.90 | | |
| 水 | m³ | 1.183 | 5.00 | 5.92 | | |
| 现浇混凝土（中砂碎石）C20-40 | m³ | (1.00) | | | | |
| | | | | | | |
| 其他材料费 | | | — | | — | |
| 材料费小计 | | | — | 214.30 | — | |

（左侧竖排：材料费明细）

（续）

工程名称：接待室工程　　　　　　　标段：

| 项 目 编 码 | 010503004001 | | 项 目 名 称 | | 圈梁 | | 计量单位 | m³ |
|---|---|---|---|---|---|---|---|---|

清单综合单价组成明细

| 定额编号 | 定额项目名称 | 定额单位 | 数量 | 单 价/元 | | | | 合 价/元 | | | |
|---|---|---|---|---|---|---|---|---|---|---|---|
| | | | | 人工费 | 材料费 | 机械费 | 管理费和利润 | 人工费 | 材料费 | 机械费 | 管理费和利润 |
| A4-23 | 混凝土圈梁 | 10m³ | 0.10 | 1399.2 | 2150.40 | 69.18 | 396.46 | 139.92 | 215.04 | 6.92 | 39.65 |
| | | | | | | | | | | | |
| | | | | | | | | | | | |
| | | | | | | | | | | | |
| 人工单价 | | 小　　计 | | | | | | 139.92 | 215.04 | 6.92 | 39.65 |
| 元/工日 | | 未计价材料费 | | | | | | | | | |
| 清单项目综合单价 | | | | | | | | 401.53 | | | |

| | 主要材料名称、规格、型号 | 单　位 | 数　量 | 单价/元 | 合价/元 | 暂估单价/元 | 暂估合价/元 |
|---|---|---|---|---|---|---|---|
| 材料费明细 | 水泥 32.5 | t | 0.325 | 360.00 | 117.00 | | |
| | 中砂 | m³ | 0.669 | 48.00 | 32.11 | | |
| | 碎石 | m³ | 1.366 | 42.00 | 57.37 | | |
| | 塑料薄膜 | m² | 3.304 | 0.80 | 2.64 | | |
| | 水 | m³ | 1.183 | 5.00 | 5.92 | | |
| | 现浇混凝土（中砂碎石）C20-40 | m³ | (1.00) | | | | |
| | | | | | | | |
| | 其他材料费 | | | — | | — | |
| | 材料费小计 | | | — | 215.04 | — | |

| 项目编码 | 010507001001 | 项目名称 | | 散水 | 计量单位 | m² |
|---|---|---|---|---|---|---|

清单综合单价组成明细

| 定额编号 | 定额项目名称 | 定额单位 | 数量 | 单价/元 | | | | 合价/元 | | | |
|---|---|---|---|---|---|---|---|---|---|---|---|
| | | | | 人工费 | 材料费 | 机械费 | 管理费和利润 | 人工费 | 材料费 | 机械费 | 管理费和利润 |
| A4-61 | 散水 | 100m² | 0.01 | 3444.6 | 3385.00 | 102.38 | 957.68 | 34.45 | 33.85 | 1.02 | 9.58 |
| | | | | | | | | | | | |
| | | | | | | | | | | | |
| | | | | | | | | | | | |
| 人工单价 | | 小　　计 | | | | | | 34.45 | 33.85 | 1.02 | 9.58 |
| 元/工日 | | 未计价材料费 | | | | | | | | | |
| 清单项目综合单价 | | | | | | | | 78.90 | | | |

| | 主要材料名称、规格、型号 | 单位 | 数量 | 单价/元 | 合价/元 | 暂估单价/元 | 暂估合价/元 |
|---|---|---|---|---|---|---|---|
| 材料费明细 | 水泥32.5 | t | 0.022 | 360.00 | 7.92 | | |
| | 中砂 | m³ | 0.067 | 48.00 | 3.22 | | |
| | 碎石 | m³ | 0.096 | 42.00 | 4.03 | | |
| | 生石灰 | t | 0.040 | 290.00 | 11.60 | | |
| | 石油沥青30# | t | 0.001 | 4900.00 | 4.90 | | |
| | 滑石粉 | kg | 2.293 | 0.50 | 1.15 | | |
| | 烟煤 | t | 0.0009 | 750.00 | 0.68 | | |
| | 水 | m³ | 0.047 | 5.00 | 0.24 | | |
| | 其他材料费 | | | — | 0.11 | — | |
| | 材料费小计 | | | — | 33.85 | — | |

（续）

工程名称：接待室工程　　　　　　标段：　　　　　　第15页 共15页

| 项目编码 | 010507004001 | 项目名称 | | 台阶 | | 计量单位 | | m² |
|---|---|---|---|---|---|---|---|---|

清单综合单价组成明细

| 定额编号 | 定额项目名称 | 定额单位 | 数量 | 单 价/元 | | | | 合 价/元 | | | |
|---|---|---|---|---|---|---|---|---|---|---|---|
| | | | | 人工费 | 材料费 | 机械费 | 管理费和利润 | 人工费 | 材料费 | 机械费 | 管理费和利润 |
| A4-66 | 混凝土台阶 | 100m² | 0.01 | 4036.20 | 5118.00 | 185.29 | 1139.80 | 40.36 | 51.18 | 1.85 | 11.40 |
| 人工单价 | | | 小　计 | | | | | 40.36 | 51.18 | 1.85 | 11.40 |
| 元/工日 | | | 未计价材料费 | | | | | | | | |
| 清单项目综合单价 | | | | | | | | 104.79 | | | |

| | 主要材料名称、规格、型号 | 单 位 | 数 量 | 单价/元 | 合价/元 | 暂估单价/元 | 暂估合价/元 |
|---|---|---|---|---|---|---|---|
| 材料费明细 | 水泥 32.5 | t | 0.032 | 360.00 | 11.52 | | |
| | 中砂 | m³ | 0.096 | 48.00 | 4.61 | | |
| | 碎石 | m³ | 0.165 | 42.00 | 6.93 | | |
| | 生石灰 | t | 0.081 | 290.00 | 23.49 | | |
| | 石油沥青 30# | t | 0.0006 | 4900.00 | 2.94 | | |
| | 滑石粉 | kg | 1.076 | 0.50 | 0.54 | | |
| | 塑料薄膜 | m² | 0.075 | 0.80 | 0.06 | | |
| | 烟煤 | t | 0.0005 | 750.00 | 0.38 | | |
| | 水 | m³ | 0.088 | 5.00 | 0.44 | | |
| | 其他材料费 | | | — | 0.27 | — | |
| | 材料费小计 | | | — | 51.18 | — | |

表 6-11　分部分项工程和单价措施项目清单与计价表

工程名称：接待室工程　　　　　　　　标段：　　　　　　　　第 1 页　共 5 页

| 序 号 | 项目编码 | 项目名称 | 项目特征描述 | 计量单位 | 工程量 | 金额/元 | | |
| --- | --- | --- | --- | --- | --- | --- | --- | --- |
| | | | | | | 综合单价 | 合 价 | 其中 人工费 |
| A. 土石方工程 | | | | | | | | |
| 1 | 010101001001 | 平整场地 | 1. 土壤类别：三类土<br>2. 弃土运距：自定<br>3. 取土运距：自定 | m² | 48.86 | 1.92 | 93.81 | 73.78 |
| 2 | 010101003001 | 挖基槽土方 | 1. 土壤类别：三类土<br>2. 挖土深度：1.20m | m³ | 34.18 | 19.42 | 663.78 | 522.61 |
| 3 | 010101004001 | 挖基坑土方 | 1. 土壤类别：三类土<br>2. 挖土深度：1.20m | m³ | 0.77 | 19.42 | 14.95 | 11.77 |
| 4 | 010103001001 | 基础回填土 | 1. 密实度要求：按规定<br>2. 填方来源、运距：自定，填土须验方后方可填入。运距由投标人自行确定 | m³ | 16.75 | 20.09 | 336.51 | 222.44 |
| 5 | 010103001002 | 室内回填土 | 1. 密实度要求：按规定<br>2. 填方来源、运距：自定 | m³ | 8.12 | 20.09 | 163.13 | 108.16 |
| 6 | 010103002001 | 余土外运 | 1. 废弃料品种：综合土<br>2. 运距：由投标人自行考虑，结算时不再调整 | m³ | 10.08 | 16.67 | 168.03 | 2.72 |
| | | 分部小计 | | | | | 1440.21 | 941.48 |
| D. 砌筑工程 | | | | | | | | |
| 7 | 010401001001 | M5 水泥砂浆砌砖基础 | 1. 砖品种、规格、强度等级：页岩砖、240mm × 115mm × 53mm、MU7.5<br>2. 基础类型：带型<br>3. 砂浆强度等级：M5 水泥砂浆<br>4. 防潮层材料种类：1:2 防水砂浆 | m³ | 15.04 | 315.70 | 4748.13 | 878.94 |
| 8 | 010401003001 | M5 混合砂浆砌实心砖墙 | 1. 砖品种、规格、强度等级：页岩砖、240mm × 115mm × 53mm、MU7.5<br>2. 墙体类型：240mm 厚标准砖墙<br>3. 砂浆强度等级：M5 混合砂浆 | m³ | 24.76 | 349.45 | 8652.38 | 1977.33 |
| 9 | 010401009001 | M5 混合砂浆砌实心砖柱 | 1. 砖品种、规格、强度等级：页岩砖、240mm × 115mm × 53mm、MU7.5<br>2. 柱类型：标准砖柱<br>3. 砂浆强度等级：M5 混合砂浆 | m³ | 0.19 | 364.69 | 69.29 | 17.45 |
| | | 分部小计 | | | | | 13469.77 | 2873.72 |
| | | 本页小计 | | | | | 14909.98 | 3815.20 |
| | | 合　计 | | | | | 28379.75 | 6688.92 |

（续）

工程名称：接待室工程　　　　　　标段：　　　　　　　　第 2 页　共 5 页

| 序号 | 项目编码 | 项目名称 | 项目特征描述 | 计量单位 | 工程量 | 金额/元 | | |
|---|---|---|---|---|---|---|---|---|
| | | | | | | 综合单价 | 合　价 | 其中人工费 |
| E. 混凝土及钢筋混凝土工程 | | | | | | | | |
| 10 | 010501001001 | C20 混凝土基础垫层 | 1. 混凝土类别：塑性砾石混凝土 2. 混凝土强度等级：C20 | m³ | 5.82 | 324.75 | 1890.05 | 539.75 |
| 11 | 010501001002 | C15 混凝土地面垫层 | 1. 混凝土类别：塑性砾石混凝土 2. 混凝土强度等级：C15 | m³ | 3.42 | 106.23 | 363.31 | 264.30 |
| 12 | 010503002001 | 现浇 C20 混凝土矩形梁 | 1. 混凝土类别：塑性砾石混凝土 2. 混凝土强度等级：C20 | m³ | 0.36 | 342.99 | 123.48 | 32.42 |
| 13 | 010503004001 | 现浇 C20 混凝土圈梁 | 1. 混凝土类别：塑性砾石混凝土 2. 混凝土强度等级：C20 | m³ | 1.26 | 401.53 | 505.93 | 176.30 |
| 14 | 010507001001 | 现浇 C15 混凝土散水 | 1. 面层厚度：60mm 2. 混凝土类别：塑性砾石混凝土 3. 混凝土强度等级：C15 4. 变形缝材料：沥青砂浆，嵌缝 | m² | 25.19 | 78.90 | 1987.49 | 867.80 |
| 15 | 010507004001 | 现浇 C15 混凝土台阶 | 1. 踏步高宽比：1∶2 2. 混凝土类别：塑性砾石混凝土 3. 混凝土强度等级：C15 | m² | 2.82 | 104.79 | 295.51 | 113.82 |
| 16 | 010512002001 | 预制混凝土空心板 | 1. 安装高度：3.6m 2. 混凝土强度等级：C30 | m³ | 3.86 | 402.65 | 1554.23 | 361.99 |
| 17 | 010515001001 | 现浇构件钢筋 | 钢筋种类、规格：HPB300、Φ10 内 | t | 0.041 | 5745.18 | 235.55 | 32.79 |
| 18 | 010515001002 | 现浇构件钢筋 | 钢筋种类、规格：HRB400、Φ10 以上 | t | 0.131 | 5787.43 | 758.15 | 63.35 |
| | | 分部小计 | | | | | 7713.70 | 2452.52 |
| H. 门窗工程 | | | | | | | | |
| 19 | 010801001001 | 实木装饰门 | 1. 门代号：M-1、M-2 2. 门洞口尺寸：900mm×2400mm 3. 玻璃品种、厚度：无 | m² | 8.64 | 333.56 | 2881.96 | 252.72 |
| 20 | 010807001001 | 塑钢窗 | 1. 窗代号：C-1、C-2 2. 窗洞口尺寸：1500mm×1500mm 3. 玻璃品种厚度：平板玻璃 3mm | m² | 15.15 | 197.29 | 2988.94 | 338.45 |
| | | 分部小计 | | | | | 5870.90 | 591.17 |
| | | 本页小计 | | | | | 13584.60 | 3043.69 |
| | | 合　计 | | | | | 41964.35 | 9732.61 |

（续）

工程名称：接待室工程　　　　　　　标段：　　　　　　　第3页　共5页

| 序号 | 项目编码 | 项目名称 | 项目特征描述 | 计量单位 | 工程量 | 综合单价 | 合价 | 其中 人工费 |
|---|---|---|---|---|---|---|---|---|
| | | | | | | | 金额/元 | |
| J | | | J. 屋面及防水工程 | | | | | |
| 21 | 010902003001 | 屋面刚性防水 | 1. 刚性层厚度：40mm<br>2. 混凝土类别：细石混凝土<br>3. 混凝土强度等级：C20 | m² | 55.08 | 24.73 | 1362.13 | 364.63 |
| | | 分部小计 | | | | | 1362.13 | 364.63 |
| | | | L. 楼地面工程 | | | | | |
| 22 | 011102003001 | 块料地面面层 | 1. 找平层厚度、砂浆配合比：1:3水泥砂浆20mm<br>2. 结合层厚度、砂浆配合比：1:2水泥砂浆20mm<br>3. 面层材料品种、规格、颜色：400mm×400mm浅色地砖 | m² | 42.29 | 80.77 | 3415.76 | 689.33 |
| 23 | 011101006001 | 屋面1:3水泥砂浆找平层 | 找平层厚度、砂浆配合比：30mm厚、1:3水泥砂浆 | m² | 55.08 | 13.89 | 765.06 | 298.53 |
| 24 | 011101006002 | 屋面1:2水泥砂浆防水层 | 防水层厚度、砂浆配合比：20mm厚、1:2防水砂浆 | m² | 55.08 | 18.25 | 1005.21 | 393.27 |
| 25 | 011105003001 | 块料踢脚线 | 1. 踢脚线高度：150mm<br>2. 粘贴层厚度、材料种类：20mm厚、1:2水泥砂浆<br>3. 面层材料品种、规格、颜色：600mm×150mm浅色面砖 | m² | 6.29 | 84.04 | 528.61 | 187.32 |
| 26 | 011107005001 | 现浇水磨石台阶面 | 面层厚度、水泥白石子浆配合比：15mm厚、1:2水泥白石子浆 | m² | 2.82 | 85.51 | 241.14 | 123.06 |
| | | 分部小计 | | | | | 5955.78 | 1691.51 |
| | | | M. 墙、柱面装饰与隔断、幕墙工程 | | | | | |
| 27 | 011201001001 | 混合砂浆抹内墙面 | 1. 墙体类型：标准砖墙<br>2. 底层厚度、砂浆配合比：18mm厚、混合砂浆1:0.5:2.5<br>3. 面层厚度、砂浆配合比：8mm厚、混合砂浆1:0.3:3 | m² | 135.19 | 22.20 | 3001.22 | 1734.49 |
| | | 本页小计 | | | | | 10319.13 | 3790.63 |
| | | 合　计 | | | | | 52283.48 | 13523.24 |

（续）

工程名称：接待室工程　　　　　　　标段：　　　　　　　第4页 共5页

| 序号 | 项目编码 | 项目名称 | 项目特征描述 | 计量单位 | 工程量 | 金额/元 | | |
|---|---|---|---|---|---|---|---|---|
| | | | | | | 综合单价 | 合价 | 其中人工费 |
| 28 | 011201002001 | 外墙面水刷石 | 1. 墙体类型：标准砖墙<br>2. 底层厚度、砂浆配合比：15mm 厚、1:2.5 水泥砂浆<br>3. 面层厚度、砂浆配合比：10mm 厚、1:2 水泥白石子浆 | m² | 85.79 | 32.68 | 2803.62 | 1322.88 |
| 29 | 011202002002 | 柱面水刷石 | 1. 柱体类型：标准砖柱<br>2. 底层厚度、砂浆配合比：15mm 厚、1:2.5 水泥砂浆<br>3. 面层厚度、砂浆配合比：10mm 厚、1:2 水泥白石子浆 | m² | 3.17 | 36.94 | 117.10 | 60.90 |
| 30 | 011202002003 | 梁面水刷石 | 1. 梁体类型：混凝土矩形梁<br>2. 底层厚度、砂浆配合比：15mm 厚、1:2.5 水泥砂浆<br>3. 面层厚度、砂浆配合比：10mm 厚、1:2 水泥白石子浆 | m² | 3.75 | 46.14 | 173.03 | 98.31 |
| | | 分部小计 | | | | | 3093.75 | 1482.09 |
| N. 天棚工程 | | | | | | | | |
| 31 | 011301001001 | 混合砂浆抹天棚 | 1. 基层类型：混凝土<br>2. 抹灰厚度：17mm 厚<br>3. 砂浆配合比：<br>面层 5mm 厚混合砂浆 1:0.3:3<br>底层 12mm 厚混合砂浆 1:0.5:2.5 | m² | 45.20 | 20.96 | 947.39 | 590.31 |
| | | 分部小计 | | | | | 947.39 | 590.31 |
| P. 油漆、涂料、裱糊工程 | | | | | | | | |
| 32 | 011406001001 | 抹灰面油漆（墙面、天棚面） | 1. 基层类型：混合砂浆<br>2. 腻子种类：石膏腻子<br>3. 刮腻子遍数：2 遍<br>4. 油漆品种、刷漆遍数：乳胶漆、2 遍<br>5. 部位：墙面、天棚面 | m² | 180.39 | 9.54 | 3524.82 | 1910.33 |
| | | 分部小计 | | | | | 3524.82 | 1910.33 |
| | | 本页小计 | | | | | 7565.96 | 3982.73 |
| | | 合　计 | | | | | 59849.44 | 17505.97 |

（续）

工程名称：接待室工程　　　　　标段：　　　　　第5页　共5页

| 序号 | 项目编码 | 项目名称 | 项目特征描述 | 计量单位 | 工程量 | 综合单价 | 合价 | 其中人工费 |
|---|---|---|---|---|---|---|---|---|
| | | | S. 措施项目 | | | | | |
| 33 | 011701001001 | 综合脚手架 | | m² | 48.86 | 4.62 | 225.73 | 63.52 |
| 34 | 011702006001 | 矩形梁模板 | | m² | 4.12 | 61.10 | 251.73 | 96.16 |
| 35 | 011702008001 | 圈梁模板 | | m² | 13.20 | 39.85 | 526.02 | 241.56 |
| 36 | 011702016001 | 屋面刚性防水层模板 | | m² | 1.25 | 51.06 | 63.83 | 19.53 |
| 37 | 011702027001 | 台阶模板 | | m² | 2.82 | 71.10 | 200.50 | 73.83 |
| 38 | 011702029001 | 散水模板 | | m² | 2.19 | 71.10 | 155.71 | 57.33 |
| 39 | 011703001001 | 垂直运输 | | m² | 48.86 | 16.04 | 783.71 | |
| | | 分部小计 | | | | | 2207.23 | 551.93 |
| | | 本页小计 | | | | | 2207.23 | 551.93 |
| | | 合　计 | | | | | 62056.67 | 18057.90 |

表 6-12　总价措施项目清单与计价表

工程名称：接待室工程　　　　　　　　标段：　　　　　　　　第 1 页　共 1 页

| 序号 | 项目编码 | 项目名称 | 计 算 基 础 | 费率（%） | 金额（元） | 调整费率（%） | 调整后金额/元 | 备　注 |
|---|---|---|---|---|---|---|---|---|
| 1 | 011707001001 | 安全文明施工费 | 定额人工费 | 25 | 4514.48 | | | 人工费18057.90 |
| 2 | 011707002001 | 夜间施工增加费 | 定额人工费 | 2 | 361.16 | | | |
| 3 | 011707004001 | 二次搬运费 | 定额人工费 | 1 | 180.58 | | | |
| 4 | 011707005001 | 冬雨季施工增加费 | 定额人工费 | 0.5 | 90.29 | | | |
| | | | | | | | | |
| | | | | | | | | |
| | | | | | | | | |
| | | | | | | | | |
| | | | | | | | | |
| | | | | | | | | |
| | | | | | | | | |
| | | | | | | | | |
| | | | | | | | | |
| | | | | | | | | |
| | | | | | | | | |
| | 合　　计 | | | | 5146.51 | | | |

编制人（造价人员）：　　　　　　　　　　　　　　　复核人（造价工程师）：

表 6-13 其他项目清单与计价汇总表

工程名称：接待室工程 　　　　　　　　标段： 　　　　　　　　第 1 页 共 1 页

| 序　号 | 项 目 名 称 | 金额/元 | 结算金额/元 | 备　注 |
|---|---|---|---|---|
| 1 | 暂列金额 | 8000.00 | | |
| 2 | 暂估价 | | | |
| 2.1 | 材料（工程设备）暂估价 | | | |
| 2.2 | 专业工程暂估价 | | | |
| 3 | 计日工 | | | |
| 4 | 总承包服务费 | | | |
| 5 | 索赔与现场签证 | | | |
| | | | | |
| | | | | |
| | | | | |
| | | | | |
| | | | | |
| | | | | |
| | | | | |
| 合　　计 | | 8000.00 | | |

注：材料（工程设备）暂估单价进入清单项目综合单价，此处不汇总。

表6-14 规费、税金项目计价表

工程名称：接待室工程　　　　　　　　　　标段：　　　　　　　　　第1页 共1页

| 序　号 | 项 目 名 称 | 计 算 基 础 | 计 算 基 数 | 计算费率（%） | 金额/元 |
|---|---|---|---|---|---|
| 1 | 规费 | | | | 3730.25 |
| 1.1 | 社会保障费 | | | | 2889.26 |
| （1） | 养老保险费 | | | | |
| （2） | 失业保险费 | | | | |
| （3） | 医疗保险费 | 定额人工费（分部分项＋单价措施项目） | 18057.90 | 16 | 2889.26 |
| （4） | 工伤保险费 | | | | |
| （5） | 生育保险费 | | | | |
| 1.2 | 住房公积金 | | | 3 | 541.74 |
| 1.3 | 工程排污费 | 按工程所在地区规定计取 | 分部分项工程费 59849.44 | 0.5 | 299.25 |
| 2 | 税金 | 税前造价 | 78933.43 | 9 | 7104.01 |
| 合　　计 | | | | | 10834.26 |

说明：税前造价均不含进项税。

表6-15 单位工程投标报价汇总表

工程名称：接待室工程　　　　　　　　　　标段：　　　　　　　　　第1页 共1页

| 序　号 | 汇 总 内 容 | 金额/元 | 其中：暂估价 |
|---|---|---|---|
| 1 | 分部分项工程 | 59849.44 | |
| 1.1 | 土石方工程 | 1440.21 | |
| 1.2 | 砌筑工程 | 13469.77 | |
| 1.3 | 混凝土及钢筋混凝土工程 | 7713.70 | |
| 1.4 | 门窗工程 | 5870.90 | |
| 1.5 | 屋面及防水工程 | 1362.13 | |
| 1.6 | 楼地面工程 | 5955.78 | |
| 1.7 | 墙柱面装饰工程 | 3093.75 | |
| 1.8 | 天棚工程 | 947.39 | |
| 1.9 | 油漆、涂料、裱糊工程 | 3524.82 | |
| 2 | 措施项目 | 7353.74 | |
| 2.1 | 其中：安全文明费 | 4514.48 | |
| 3 | 其他项目 | 8000.00 | |
| 3.1 | 其中：暂列金额 | 8000.00 | |
| 3.2 | 其中：专业工程暂估价 | | |
| 3.3 | 其中：计日工 | | |
| 3.4 | 其中：总承包服务费 | | |
| 4 | 规费 | 3730.25 | |
| 5 | 税金 | 7104.01 | |
| 投标报价合计＝1＋2＋3＋4＋5 | | 86037.44 | |

**第三步：进行分部分项工程和单价措施项目清单与计价表的填写、计算，见表6-11。**

方法：复制接待室工程分部分项工程和单价措施项目清单，在表中填写综合单价并进行合价的计算。并要分析、计算定额人工费，因定额人工费是计算其他费用的基础。

**第四步：进行总价措施项目清单与计价表的填写、计算，见表6-12。**

方法：根据总价措施项目清单和地区计价定额、费用定额及计价办法，进行总价措施项目清单与计价表的填写、计算。

**第五步：进行其他项目清单与计价汇总表的填写、计算，见表6-13。**

方法：其他项目费主要根据招标工程量清单中的"其他项目清单与计价汇总表"内容计算，接待室工程只有暂列金额一项。

**第六步：进行规费、税金项目计价表的填写、计算，见表6-14。**

方法：根据分部分项工程和单价措施项目清单与计价表中合计的定额人工费和表6-8中的费用标准，进行规费、税金项目计价表的填写、计算。

**第七步：进行单位工程投标报价汇总表的计算，见表6-15。**

方法：将分部分项工程和单价措施项目清单与计价表、总价措施项目清单与计价表、其他项目清单与计价汇总表、规费和税金项目计价表中的数据汇总到"单位工程投标报价汇总表"。

**第八步：编写总说明，见表6-16。**

表6-16 接待室工程计价总说明

**总 说 明**

工程名称：接待室工程　　　　　　　　　　　　　　　　　　第1页 共1页

1. 工程概况：本工程为砖混结构，单层建筑，建筑面积为48.86m²，计划工期为45天。

2. 工程投标范围：本次投标范围为施工图范围内的建筑与装饰工程。

3. 工程量清单投标报价编制依据：

1）接待室工程招标工程量清单；

2）接待室工程施工图；

3）《建设工程工程量清单计价规范》（GB 50500—2013）；

4）《房屋建筑与装饰工程工程量计算规范》（GB 50854—2013）；

5）地区计价定额、计价方法、信息价格。

4. 其他需要说明的问题

招标人供应现浇构件的全部钢筋，单价暂定为4500.00元/t。

**第九步：填写封面、投标报价扉页，见表6-17。**

表6-17　接待室工程投标总价封面

# 投 标 总 价

招 标 人：　　　××公司

工 程 名 称：　　　接待室工程

投 标 总 价（小写）：　　　86037.44元

（大写）：　　捌万陆仟零叁拾柒元肆角肆分整

投 标 人：　　　　　××建筑公司
　　　　　　　　　　　　（单位盖章）

法 定 代 表 人
或 其 授 权 人：　　　　　×××
　　　　　　　　　　　（签字或盖章）

编 制 人：　　　　　×××
　　　　　　　　　　（造价人员签字盖专业章）

时间：20×××年×月××日

　　**第十步：将表6-10～表6-17的内容装订成册，签字、盖章。形成接待室工程投标报价书。**
　　（说明：计算好投标报价后，报价书的装订顺序与编制步骤正好相反。）
　　以上编制内容和编制步骤见图6-2。

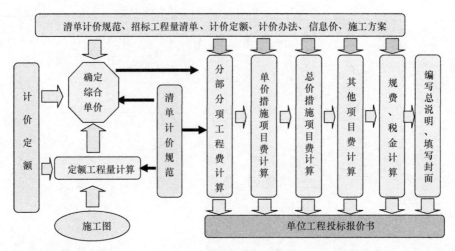

图 6-2 接待室工程投标报价编制步骤示意图

## 练 习 题

### 1. 背景资料

已知某办公楼工程的招标工程量清单如下（见表 6-18～表 6-27）：

表 6-18 封面

办公楼　　　　　工程

## 招标工程量清单

招 标 人：＿＿＿×××＿＿＿　　　　造价咨询人：＿＿＿×××＿＿＿
　　　　　　（单位盖章）　　　　　　　　　　　　　（单位咨询专业章）


法定代表人　　　　　　　　　　　　法定代表人
或其授权人：＿＿＿×××＿＿＿　　或其授权人：＿＿＿×××＿＿＿
　　　　　　（签字或盖章）　　　　　　　　　　　（签字或盖章）


编 制 人：＿＿＿×××＿＿＿　　　　复 核 人：＿＿＿×××＿＿＿
　　　　（造价人员签字盖专业章）　　　　　　（造价工程师签字盖专业章）
编制时间：20××年×月×日　　　　　复核时间：20××年×月×日

表 6-19 总说明

工程名称：办公楼工程

1. 工程概况

1）建筑高度为 7.2m，地上 2 层。

2）结构类型为砖混结构。

3）抗震设防烈度为七度。

2. 工程招标和分包范围

　　设计施工图纸所示全部内容

3. 工程量清单编制依据

1）办公楼工程设计施工图；

2）《建设工程工程量清单计价规范》（GB 50500—2013）；

3）《房屋建筑与装饰工程工程量计算规范》（GB 50854—2013）。

4. 工程质量、材料、施工等的特殊要求

1）工程质量须达合格。

2）材料及施工须满足设计与规范要求。

表 6-20 单位工程投标报价汇总表

工程名称：办公楼工程　　　　　　　　　标段：　　　　　　　　第 1 页　共 1 页

| 序　号 | 汇总内容 | 金额（元） | 其中：暂估价（元） |
|---|---|---|---|
| 1 | 分部分项工程 | | |
| 1.1 | 土石方工程 | | |
| 1.2 | 砌筑工程 | | |
| 1.3 | 混凝土及钢筋混凝土工程 | | |
| 1.4 | 门窗工程 | | |
| 1.5 | 屋面及防水工程 | | |
| 1.6 | 防腐、隔热、保温工程 | | |
| 1.7 | 楼地面工程 | | |
| 1.8 | 墙柱面装饰工程 | | |
| 1.9 | 天棚工程 | | |
| 1.10 | 油漆、涂料、裱糊工程 | | |
| 2 | 措施项目 | | |
| 2.1 | 其中：安全文明费 | | |
| 3 | 其他项目 | | |
| 3.1 | 其中：暂列金额 | | |
| 3.2 | 其中：专业工程暂估价 | | |
| 3.3 | 其中：计日工 | | |
| 3.4 | 其中：总承包服务费 | | |
| 4 | 规费 | | |
| 5 | 税金 | | |
| | 投标报价合计 = 1 + 2 + 3 + 4 + 5 | | |

表 6-21　分部分项工程和单价措施项目清单与计价表

工程名称：办公楼工程　　　　　　　标段：　　　　　　　第1页　共5页

| 序号 | 项目编码 | 项目名称 | 项目特征描述 | 计量单位 | 工程量 | 综合单价 | 合价 | 其中暂估价 |
|---|---|---|---|---|---|---|---|---|
| | | | **A. 土石方工程** | | | | | |
| 1 | 010101001001 | 平整场地 | 1. 土壤类别：土壤综合<br>2. 弃土运距：自行考虑<br>3. 取土运距：自行考虑 | m² | 273.01 | | | |
| 2 | 010101003001 | 挖基础土方 | 1. 土壤类别：土壤综合<br>2. 挖土深度：1.60m | m³ | 512.56 | | | |
| 3 | 010103001001 | 基础回填土 | 1. 密实度要求：按规定<br>2. 填方来源、运距：自定，填土须验后方可填人。运距由投标人自行确定 | m³ | 433.58 | | | |
| 4 | 010103001002 | 室内回填土 | 1. 密实度要求：按规定<br>2. 填方来源、运距：自定 | m³ | 32.76 | | | |
| 5 | 010103002001 | 余土外运 | 1. 废弃料品种：综合土<br>2. 运距：由投标人自行考虑，结算时不再调整 | m³ | 22.31 | | | |
| | | 分部小计 | | | | | | |
| | | | **D. 砌筑工程** | | | | | |
| 6 | 010401001001 | 砖基础 | 1. 砖品种、规格、强度等级：页岩砖、240mm × 115mm × 53mm、MU7.5<br>2. 基础类型：带型<br>3. 砂浆强度等级：M5 水泥砂浆 | m³ | 71.63 | | | |
| 7 | 010401003001 | 实心砖墙 | 1. 砖品种、规格、强度等级：页岩砖、240mm × 115mm × 53mm、MU7.5<br>2. 墙体类型：240mm 厚标准砖墙<br>3. 砂浆强度等级：M5 混合砂浆 | m³ | 159.78 | | | |
| 8 | 010401012001 | 零星砌砖 | 1. 零星砌砖名称、部位：<br>2. 砖品种、规格、强度等级：页岩砖、240mm × 115mm × 53mm、MU7.5<br>3. 砂浆强度等级：M5 混合砂浆 | m³ | 0.19 | | | |
| | | 分部小计 | | | | | | |
| | | | 本页小计 | | | | | |
| | | | 合　计 | | | | | |

（续）

工程名称：办公楼工程　　　　　　　标段：　　　　　　　第 2 页　共 5 页

| 序号 | 项目编码 | 项目名称 | 项目特征描述 | 计量单位 | 工程量 | 综合单价 | 合价 | 其中暂估价 |
|---|---|---|---|---|---|---|---|---|
| E | | | E. 混凝土及钢筋混凝土工程 | | | | | |
| 9 | 010501001001 | 基础垫层 | 1. 混凝土类别：塑性砾石混凝土<br>2. 混凝土强度等级：C20 | m³ | 18.06 | | | |
| 10 | 010501001002 | 地面垫层 | 1. 混凝土类别：塑性砾石混凝土<br>2. 混凝土强度等级：C15 | m³ | 3.42 | | | |
| 11 | 010502001001 | 矩形柱 | 1. 混凝土类别：塑性砾石混凝土<br>2. 混凝土强度等级：C25 | m³ | 3.30 | | | |
| 12 | 010502002001 | 构造柱 | 1. 混凝土类别：塑性砾石混凝土<br>2. 混凝土强度等级：C25 | m³ | 11.61 | | | |
| 13 | 010503002001 | 矩形梁 | 1. 混凝土类别：塑性砾石混凝土<br>2. 混凝土强度等级：C25 | m³ | 6.48 | | | |
| 14 | 010503004001 | 地圈梁 | 1. 混凝土类别：塑性砾石混凝土<br>2. 混凝土强度等级：C25 | m³ | 5.60 | | | |
| 15 | 010503004002 | 圈梁 | 1. 混凝土类别：塑性砾石混凝土<br>2. 混凝土强度等级：C25 | m³ | 3.20 | | | |
| 16 | 010505003001 | 平板 | 1. 混凝土类别：塑性砾石混凝土<br>2. 混凝土强度等级：C25 | m³ | 26.05 | | | |
| 17 | 010505003002 | 斜屋面平板 | 1. 混凝土类别：塑性砾石混凝土<br>2. 混凝土强度等级：C25 | m³ | 22.66 | | | |
| 18 | 010506001001 | 直形楼梯 | 1. 混凝土类别：塑性砾石混凝土<br>2. 混凝土强度等级：C25 | m² | 12.74 | | | |
| 19 | 010507001001 | 散水 | 1. 面层厚度：60mm<br>2. 混凝土类别：塑性砾石混凝土<br>3. 混凝土强度等级：C20<br>4. 变形缝材料：沥青砂浆，嵌缝 | m² | 80.96 | | | |
| 20 | 010507004001 | 台阶 | 1. 踏步高宽比：1:2<br>2. 混凝土类别：塑性砾石混凝土<br>3. 混凝土强度等级：C20 | m² | 5.61 | | | |
| 21 | 010515001001 | 现浇构件钢筋 | 钢筋种类、规格：HPB300、Φ10 内 | t | 2.571 | | | |
| 22 | 010515001002 | 现浇构件钢筋 | 钢筋种类、规格：HRB400、Φ10 以上 | t | 2.828 | | | |
| | | 分部小计 | | | | | | |
| | | 本页小计 | | | | | | |
| | | 合　计 | | | | | | |

（续）

工程名称：办公楼工程　　　　　　　标段：　　　　　　　第3页 共5页

| 序号 | 项目编码 | 项目名称 | 项目特征描述 | 计量单位 | 工程量 | 金额/元 | | 其中 |
|---|---|---|---|---|---|---|---|---|
| | | | | | | 综合单价 | 合价 | 暂估价 |
| | | | **H. 门窗工程** | | | | | |
| 23 | 010801001001 | 镶板木门 | 1. 门代号：M-2<br>2. 门洞口尺寸：900mm×2400mm | m² | 43.20 | | | |
| 24 | 010802004001 | 防盗门 | 1. 门代号：M-1<br>2. 门洞口尺寸：900mm×2000mm | m² | 18.00 | | | |
| 25 | 010807001001 | 塑钢窗 | 1. 窗代号：C-1、<br>2. 窗洞口尺寸：1500mm×1500mm | m² | 67.50 | | | |
| | | 分部小计 | | | | | | |
| | | | **J. 屋面及防水工程** | | | | | |
| 26 | 010901001001 | 瓦屋面 | 1. 瓦品种、规格：红色彩瓦<br>2. 粘结层砂浆的配合比：1:2 水泥砂浆 20mm | m² | 283.22 | | | |
| 27 | 010902001001 | 屋面卷材防水 | 1. 卷材品种、规格、厚度：1.2mm 厚 SBS 高聚物改性沥青防水卷材<br>2. 防水层数：5 层 | m² | 283.22 | | | |
| 28 | 010904002001 | 卫生间地面涂膜防水 | 1. 防水膜品种：合成树脂<br>2. 涂膜厚度、遍数：一布四涂防水层<br>3. 反边高度：1.50m | m² | 34.52 | | | |
| | | 分部小计 | | | | | | |
| | | | **L. 楼地面工程** | | | | | |
| 29 | 011102003001 | 块料地面面层 | 1. 找平层厚度、砂浆配合比：1:3 水泥砂浆 20mm<br>2. 结合层厚度、砂浆配合比：1:2 水泥砂浆 20mm<br>3. 面层材料品种、规格、颜色：600mm×600mm 浅色地砖 | m² | 500.59 | | | |
| 30 | 011106002001 | 块料楼梯面层 | 1. 找平层厚度、砂浆配合比：1:3 水泥砂浆 20mm<br>2. 结合层厚度、砂浆配合比：1:2 水泥砂浆 20mm<br>3. 面层材料品种、规格、颜色：300mm×300mm 浅色地砖 | m² | 12.74 | | | |
| 31 | 011107002001 | 块料台阶面层 | 1. 找平层厚度、砂浆配合比：1:3 水泥砂浆 20mm<br>2. 结合层厚度、砂浆配合比：1:2 水泥砂浆 20mm<br>3. 面层材料品种、规格、颜色：300mm×300mm 浅色地砖 | m² | 5.61 | | | |
| | | 分部小计 | | | | | | |
| | | | 本页小计 | | | | | |
| | | | 合　计 | | | | | |

工程名称：办公楼工程　　　　　　　标段：　　　　　　　

| 序号 | 项目编码 | 项目名称 | 项目特征描述 | 计量单位 | 工程量 | 综合单价 | 合价 | 其中 暂估价 |
|---|---|---|---|---|---|---|---|---|
| | | | | | | 金额/元 | | |
| M. 墙、柱面装饰与隔断、幕墙工程 | | | | | | | | |
| 32 | 011201001001 | 混合砂浆抹内墙面 | 1. 墙体类型：标准砖墙 <br> 2. 底层厚度、砂浆配合比：18mm 厚、混合砂浆 1:0.5:2.5 <br> 3. 面层厚度、砂浆配合比：8mm 厚、混合砂浆 1:0.3:3 | m² | 786.23 | | | |
| 33 | 011201002001 | 外墙面水刷石 | 1. 墙体类型：标准砖墙 <br> 2. 底层厚度、砂浆配合比：15mm 厚、1:2.5 水泥砂浆 <br> 3. 面层厚度、砂浆配合比：10mm 厚、1:2 水泥白石子浆 | m² | 283.20 | | | |
| | | 分部小计 | | | | | | |
| N. 天棚工程 | | | | | | | | |
| 34 | 011301001001 | 混合砂浆抹天棚 | 1. 基层类型：混凝土 <br> 2. 抹灰厚度：17mm 厚 <br> 3. 砂浆配合比：<br>面层 5mm 厚混合砂浆 1:0.3:3 <br>底层 12mm 厚混合砂浆 1:0.5:2.5 | m² | 513.33 | | | |
| | | 分部小计 | | | | | | |
| P. 油漆、涂料、裱糊工程 | | | | | | | | |
| 35 | 011406001001 | 抹灰面油漆（墙面、天棚面） | 1. 基层类型：混合砂浆 <br> 2. 腻子种类：石膏腻子 <br> 3. 刮腻子遍数：2 遍 <br> 4. 油漆品种、刷漆遍数：乳胶漆、2 遍 <br> 5. 部位：墙面、天棚面 | m² | 1332.56 | | | |
| | | 分部小计 | | | | | | |
| | | 本页小计 | | | | | | |
| | | 合　计 | | | | | | |

（续）

| 序号 | 项目编码 | 项目名称 | 项目特征描述 | 计量单位 | 工程量 | 金额/元 | | |
|---|---|---|---|---|---|---|---|---|
| | | | | | | 综合单价 | 合价 | 其中暂估价 |
| S. 措施项目 | | | | | | | | |
| 36 | 011701001001 | 综合脚手架 | | m² | 546.02 | | | |
| 37 | 011702002001 | 矩形柱模板 | | m² | 36.30 | | | |
| 38 | 011702003001 | 构造柱模板 | | m² | 88.40 | | | |
| 39 | 011702006001 | 矩形梁模板 | | m² | 70.40 | | | |
| 40 | 011702008001 | 圈梁模板 | | m² | 75.70 | | | |
| 41 | 011702016001 | 平板模板 | | m² | 218.70 | | | |
| 42 | 011702027001 | 台阶模板 | | m² | 5.61 | | | |
| 43 | 011702029001 | 散水模板 | | m² | 80.96 | | | |
| 44 | 011703001001 | 垂直运输 | | m² | 546.02 | | | |
| | | 分部小计 | | | | | | |
| | | | | | | | | |
| | | | | | | | | |
| | | | | | | | | |
| | | | | | | | | |
| | | | | | | | | |
| | | | | | | | | |
| | | | | | | | | |
| | | | | | | | | |
| | | | | | | | | |
| | | 本页小计 | | | | | | |
| | | 合　计 | | | | | | |

表 6-22　总价措施项目清单与计价表

工程名称：办公楼工程　　　　　　　　　　标段：　　　　　　　　　　第 1 页　共 1 页

| 序号 | 项目编码 | 项 目 名 称 | 计 算 基 础 | 费率<br>（%） | 金额<br>（元） | 调整费率<br>（%） | 调整后金额<br>/元 | 备　注 |
|---|---|---|---|---|---|---|---|---|
| 1 | 011707001001 | 安全文明施工费 | 定额人工费 | | | | | |
| 2 | 011707002001 | 夜间施工增加费 | 定额人工费 | | | | | |
| 3 | 011707004001 | 二次搬运费 | 定额人工费 | | | | | |
| 4 | 011707005001 | 冬雨季施工增加费 | 定额人工费 | | | | | |
| | | | | | | | | |
| | | | | | | | | |
| | | | | | | | | |
| 合　计 | | | | | | | | |

编制人（造价人员）：　　　　　　　　　　　　　　　　　复核人（造价工程师）：

注：1 "计算基础"中安全文明施工可为"定额基价""定额人工费"或"定额人工费＋定额机械费"，其他项目可
　　为"定额人工费"或"定额人工费＋定额机械费"。
　　2　按施工方案计算的措施费，若无"计算基础"和"费率"的数值，也可只填"金额"数值，但应在备注栏
　　说明施工方案出处或计算方法。

表 6-23　暂列金额明细表

工程名称：办公楼工程　　　　　　　　　　标段：　　　　　　　　　　第 1 页　共 1 页

| 序　号 | 项 目 名 称 | 计 量 单 位 | 暂定金额/元 | 备　注 |
|---|---|---|---|---|
| | 暂列金额 | 项 | 10000.00 | |
| | | | | |
| | | | | |
| | | | | |
| | | | | |
| | | | | |
| | | | | |
| | | | | |
| | | | | |
| | | | | |
| 合　计 | | | 10000.00 | |

注：此表由招标人填写，如不能详列，也可只列暂定金额总额，投标人应将上述暂列金额计入投标总价中。

表6-24 其他项目清单与计价汇总表

工程名称：办公楼工程　　　　　　　　标段：　　　　　　　　第1页 共1页

| 序　号 | 项目名称 | 金额/元 | 结算金额/元 | 备　注 |
|---|---|---|---|---|
| 1 | 暂列金额 | 10000.00 | | 明细详见表6-23 |
| 2 | 暂估价 | | | |
| 2.1 | 材料（工程设备）暂估价 | | | |
| 2.2 | 专业工程暂估价 | | | |
| 3 | 计日工 | | | |
| 4 | 总承包服务费 | | | |
| 5 | 索赔与现场签证 | | | |
| | | | | |
| | | | | |
| | 合　计 | | | |

注：材料（工程设备）暂估单价进入清单项目综合单价，此处不汇总。

表6-25 规费、税金项目计价表

工程名称：办公楼工程　　　　　　　　标段：　　　　　　　　第1页 共1页

| 序　号 | 项目名称 | 计算基础 | 计算基数 | 计算费率（%） | 金额/元 |
|---|---|---|---|---|---|
| 1 | 规费 | 定额人工费 | | | |
| 1.1 | 社会保障费 | 定额人工费 | | | |
| (1) | 养老保险费 | 定额人工费 | | | |
| (2) | 失业保险费 | 定额人工费 | | | |
| (3) | 医疗保险费 | 定额人工费 | | | |
| (4) | 工伤保险费 | 定额人工费 | | | |
| (5) | 生育保险费 | 定额人工费 | | | |
| 1.2 | 住房公积金 | 定额人工费 | | | |
| 1.3 | 工程排污费 | 按工程所在地区规定计取 | | | |
| 2 | 税金 | 税前造价 | | 9.0 | |
| | 合　计 | | | | |

表 6-26　综合单价分析表

工程名称：　　　　　　　　标段：　　　　　　　　　　第 1 页　共 1 页

| 项目编码 | | | | 项目名称 | | | | 计量单位 | | | |
|---|---|---|---|---|---|---|---|---|---|---|---|

清单综合单价组成明细

| 定额编号 | 定额项目名称 | 定额单位 | 数量 | 单　价/元 | | | | 合　价/元 | | | |
|---|---|---|---|---|---|---|---|---|---|---|---|
| | | | | 人工费 | 材料费 | 机械费 | 管理费和利润 | 人工费 | 材料费 | 机械费 | 管理费和利润 |
| | | | | | | | | | | | |
| | | | | | | | | | | | |
| | | | | | | | | | | | |
| | | | | | | | | | | | |
| 人工单价 | | | 小　计 | | | | | | | | |
| 元/工日 | | | 未计价材料费 | | | | | | | | |
| 清单项目综合单价 | | | | | | | | | | | |

| 材料费明细 | 主要材料名称、规格、型号 | 单位 | 数量 | 单价/元 | 合价/元 | 暂估单价/元 | 暂估合价/元 |
|---|---|---|---|---|---|---|---|
| | | | | | | | |
| | | | | | | | |
| | | | | | | | |
| | | | | | | | |
| | | | | | | | |
| | 其他材料费 | | | — | | — | |
| | 材料费小计 | | | — | | — | |

注：1 如不使用省级或行业建设主管部门发布的计价依据，可不填写定额编号、名称等。
　　2 招标文件提供了暂估单价的材料，按暂估的单价填入表内"暂估单价"栏及"暂估合价"栏。

表 6-27

# 投 标 总 价

招　标　人：_____

工　程　名　称：_____

投　标　总　价：（小写）_____

　　　　　　　　（大写）_____

投　标　人：_____

（单位盖章）

法定代表人

或其授权人：_____

（签字或盖章）

编　制　人：_____

（造价人员签字盖专业章）

时间：　年　月　日

2. 问题

1. 根据办公楼工程招标工程量清单和本地区消耗量定额及工料机市场价格、管理费费率、利润率，编制综合单价分析表（采用表6-26）。

2. 根据编制好的综合单价，进行分部分项工程和单价措施项目清单与计价表的填写、计算（在表6-21中完成）。

3. 进行总价措施项目清单与计价表的填写、计算（在表6-22中完成）。

4. 进行其他项目清单与计价汇总表的填写、计算（在表6-24中完成）。

5. 进行规费、税金项目计价表的计算（在表6-25中完成）。

6. 编制单位工程投标报价汇总表（在表6-20中完成）。

7. 编制总说明（可参照招标工程量清单总说明）。

8. 填写投标总价封面、签字盖章（在表6-27中完成）。

9. 按照投标报价书的装订要求，装订成册。形成投标报价书文件。

# 第7章

## 建筑工程概预算

### 学习目标

通过本章的学习，了解建设工程概预算及投资估算的概念，能运用概算指标、概算定额或类似工程预算编制工程概算；掌握工程造价指数的编制方法。

## 7.1　建筑工程概预算概述

### 7.1.1　建筑工程预算的概念

建筑工程预算是建设项目预算文件的组成内容之一，是根据不同设计阶段设计文件的具体内容和地方主管部门制定的定额、指标及各项费用取费标准，预先计算和确定建筑工程所需全部投资的文件。

### 7.1.2　设计概算的概念

设计概算是指在初步设计阶段，由设计单位根据初步设计或扩大初步设计图纸，概算定额或概算指标，各项费用定额或取费标准，建设地区的自然条件、技术经济条件及设备预算价格等资料，预先计算和确定工程项目全部费用的文件。

### 7.1.3　建筑工程概预算编制方法

**1. 建筑工程概算的编制方法**

（1）扩大单价法　扩大单价法又叫概算定额法，它是采用概算定额编制建筑工程概算的方法，类似用预算定额编制建筑工程预算。根据初步设计图纸资料和概算定额的项目划分计算出工程量，然后套用概算定额单价（基价）计算汇总后，再计取有关费用，便可得出单位工程概算造价。

（2）概算指标法　概算指标法是用拟建的厂房、住宅的建筑面积或体积乘以技术条件相同或基本相同的概算指标编制概算的方法。

（3）类似工程预算法　类似工程预算法是利用技术条件与设计对象相类似的已完工程或在建工程的工程造价资料来编制拟建工程设计概算的方法。

**2. 建筑工程预算的编制方法**

（1）单价法　单价法是用事先编制好的分项工程的单位估价表来编制施工图预算的方法。

（2）实物法　实物法是首先根据施工图分别计算出分项工程量，然后套用相应预算人工、材料、机械台班的定额用量，再分别乘以工程所在地当时的人工、材料、机械台班的实际单价，求出单位工程的人工费、材料费和施工机械使用费，并汇总求和，进而求得直接费，按规定计取其他各项费用，最后汇总就可得出单位工程施工图预算造价。

### 7.1.4　工程造价指数编制方法

工程造价指数一般应按各主要构成要素（建筑安装工程造价、设备工器具购置费和工程建设其他费用）分别编制价格指数，然后汇总得到工程造价指数。

（1）人工、机械台班、材料等要素价格指数的编制　其计算公式为

$$材料(人工、机械台班)价格指数 = P_n / P_0$$

式中　$P_0$——基期人工费、施工机械台班和材料预算价格；

　　　$P_n$——报告期人工费、施工机械台班和材料预算价格。

（2）建筑安装工程造价指数的编制　其计算公式为

$$\begin{aligned}
\text{建筑安装工程} &= \text{人工费} \times \text{基期人工费用} \\
\text{造价指数} &\quad\ \text{指数}\quad\ \text{占建筑安装工程造价比例} +
\end{aligned}$$

$$\sum\left(\text{单项材料}\atop\text{价格指数}\times{\text{基期该单项材料费}\atop\text{占建筑安装工程造价比例}}\right)+$$

$$\sum\left(\text{单项施工}\atop\text{机械台班指数}\times{\text{基期该单项机械费}\atop\text{占建筑安装工程造价比例}}\right)+$$

$$\text{间接费}\atop\text{综合指数}\times{\text{基期间接费用}\atop\text{占建筑安装工程造价比例}}$$

（3）设备工器具价格指数的编制　其计算公式为

$$\frac{\text{设备工器具}}{\text{价格指数}}=\frac{\sum(\text{报告期设备工器具单价}\times\text{报告期购置数量})}{\sum(\text{基期设备工器具单价}\times\text{报告期购置数量})}$$

（4）工程建设其他费用价格指数的编制　其计算公式为

$$\frac{\text{工程建设其他}}{\text{费用价格指数}}=\frac{\text{报告期每万元投资支出中其他费用}}{\text{基期每万元投资支出中其他费用}}$$

（5）建设项目或单项工程造价指数的编制　其计算公式为

$$\begin{aligned}
\text{建设项目或单项}\atop\text{工程造价指数} &= \text{建筑安装}\atop\text{工程造价指数}\times{\text{基期建筑安装工程费}\atop\text{占总造价的比例}}+\sum\left(\text{单项设备}\atop\text{价格指数}\times\right.\\
&\left.\text{基期该项设备费}\atop\text{占总造价的比例}\right)+\text{工程建设}\atop\text{其他费用指数}\times{\text{基期工程建设其他费用}\atop\text{占总造价的比例}}
\end{aligned}$$

## 7.2　建筑工程概预算案例分析

### 7.2.1　设计概算编制案例分析

1. 背景资料

拟建砖混结构住宅工程建筑面积 $3420m^2$，结构形式与已建成的 A 工程相同，只有外墙保温贴面不同，其他部分均较为接近。A 工程外墙为珍珠岩板保温、水泥砂浆抹面，每平方米建筑面积消耗量分别为：$0.044m^3$、$0.842m^2$，珍珠岩板 153.1 元$/m^3$、水泥砂浆 8.95 元$/m^2$。拟建工程外墙为加气混凝土保温墙、外贴釉面砖，每平方米建筑面积消耗量分别为：$0.08m^3$、$0.82m^2$，加气混凝土保温墙 185.48 元$/m^3$，贴釉面砖 49.75 元$/m^2$。A 工程单方造价 588 元$/m^2$，其中，人工费、材料费、机械费、措施费、规费、企业管理费、利润和税金占单方造价比例分别为 11%、62%、6%、3.6%、4.987%、5%、4% 和 3.413%，拟建工程与 A 工程预算造价在这几方面的差异系数分别为：2.01、1.06、1.92、1.54、1.02、1.01、0.87 和 1.0。

2. 问题

（1）应用类似工程预算法确定拟建工程的单位工程概算造价。

（2）若 A 工程预算中，每平方米建筑面积主要资源消耗为：人工 5.08 工日，钢材 23.8kg，水泥 205kg，原木 0.05m³，铝合金门窗 0.24m²，其他材料费为主材费 45%，机械费占定额直接费 8%。拟建工程主要资源的现行预算价格分别为：人工 22.00 元/工日，钢材 3.1 元/kg，水泥 0.35 元/kg，原木 1400 元/m³，铝合金门窗平均 350 元/m²，拟建工程综合费率 22%。应用概算指标法，确定拟建工程的单位工程概算造价。

3. 案例分析

本案例着重考核利用类似工程预算法和概算指标法编制拟建工程概算的方法。

（1）首先根据类似工程背景材料，计算拟建工程的概算指标。

拟建工程概算指标 = 类似工程单方造价 × 综合差异系数 $k$

$k = a\% \times k_1 + b\% \times k_2 + c\% \times k_3 + d\% \times k_4 + e\% \times k_5 + f\% \times k_6 + g\% \times k_7 + h\% \times k_8$

式中 $a\%$、$b\%$、$c\%$、$d\%$、$e\%$、$f\%$、$g\%$、$h\%$ ——分别为类似工程预算人工费、材料费、机械费、措施费、规费、企业管理费、利润和税金占单位工程造价比例；

$k_1$、$k_2$、$k_3$、$k_4$、$k_5$、$k_6$、$k_7$、$k_8$ ——分别为拟建工程地区与类似工程地区在人工费、材料费、机械费、措施费、规费、企业管理费、利润和税金等方面差异系数。

然后，针对拟建工程与类似工程的结构差异，修正拟建工程的概算指标。

修正概算指标 = 拟建工程概算指标 + 换入结构指标 − 换出结构指标

拟建工程概算造价 = 拟建工程修正概算指标 × 拟建工程建筑面积

（2）首先根据类似工程预算中每平方米建筑面积的主要资源消耗和现行预算价格，计算拟建工程单位建筑面积的人工费、材料费、机械费。

人工费 = 每平方米建筑面积人工消耗指标 × 现行人工工日单价

材料费 = ∑（每平方米建筑面积材料消耗指标 × 相应材料预算价格）

机械费 = ∑（每平方米建筑面积机械台班消耗指标 × 相应的机械台班单价）

然后，按照所给综合费率计算拟建单位工程概算指标、修正概算指标和概算造价。

单位工程概算指标 = （人工费 + 材料费 + 机械费）×（1 + 综合费率）

单位工程修正概算指标 = 拟建工程概算指标 + 换入结构指标 − 换出结构指标

拟建工程概算造价 = 拟建工程修正概算指标 × 拟建工程建筑面积

4. 答案

**问题（1）**

应用类似工程预算法确定拟建工程的单位工程概算造价。

综合差异系数 $k$ 计算如下：

$k = 11\% \times 2.01 + 62\% \times 1.06 + 6\% \times 1.92 + 3.6\% \times 1.54 + 4.987\% \times 1.02 + 5\% \times 1.01 + 4\% \times 0.87 + 3.413\% \times 1.00$
$= 1.22$

拟建工程概算指标 = 588 元/m² × 1.22 = 717.36 元/m²

结构差异额 = [0.08 × 185.48 + 0.82 × 49.75 − (0.044 × 153.1 + 0.842 × 8.95)]元/m²
$= 41.36$ 元/m²

修正概算指标 = （717.36 + 41.36）元/m² = 758.72 元/m²

拟建工程概算造价 = 拟建工程建筑面积 × 修正概算指标

$$= 3420m² × 758.72 元/m² = 2594822.40 元 ≈ 259.48 万元$$

**问题（2）**

① 计算拟建工程每平方米建筑面积的人工费、材料费和机械费

人工费 = 5.08 × 22.00 元 = 111.76 元

材料费 = （23.8 × 3.1 + 205 × 0.35 + 0.05 ×

1400 + 0.24 × 350）元 × （1 + 45%）

= 434.32 元

机械费 = 定额直接费 × 8%

概算定额直接费 = 111.76 元 + 434.32 元 + 定额直接费 × 8%

概算定额直接费 = [（111.76 + 434.32）/（1 - 8%）] 元/m² = 593.57 元/m²

② 计算拟建工程概算指标、修正概算指标和概算造价

概算指标 = 593.57 元/m² × （1 + 22%）= 724.16 元/m²

修正概算指标 = （724.16 + 41.36）元/m² = 765.52 元/m²

拟建工程概算造价 = 3420m² × 765.52 元/m² = 2618078.40 元 = 261.81 万元

## 7.2.2 施工图预算编制案例分析

**1. 背景资料**

根据某基础工程的工程量和《全国统一建筑工程基础定额》消耗指标进行工料分析，计算得出各项资源消耗量及该地区相应的预算价格见表7-1。该地区定额规定，按三类工程取费，各项费用的费率为：措施费率7.32%，间接费率12.92%，利润率6%，税率3.413%。

表7-1 资源消耗量及预算价格表

| 资源名称 | 单位 | 消耗量 | 单价/元 | 资源名称 | 单位 | 消耗量 | 单价/元 |
|---|---|---|---|---|---|---|---|
| 32.5 水泥 | kg | 1740.84 | 0.25 | 卷扬机 | 台班 | 0.861 | 72.57 |
| 42.5 水泥 | kg | 18101.65 | 0.27 | 钢筋切断机 | 台班 | 0.279 | 161.47 |
| 52.5 水泥 | kg | 8349.76 | 0.30 | 水 | m³ | 42.90 | 1.24 |
| 净砂 | m³ | 70.76 | 30.00 | 电焊条 | kg | 12.98 | 6.67 |
| 碎石 | m³ | 40.23 | 41.20 | 草袋子 | m³ | 24.30 | 0.94 |
| 钢模 | kg | 152.96 | 3.95 | 黏土砖 | 千块 | 109.07 | 100.00 |
| 钢筋φ10以上 | t | 1.884 | 2497.86 | 隔离剂 | kg | 20.32 | 2.00 |
| 砂浆搅拌机 | 台班 | 8.12 | 42.84 | 铁钉 | kg | 61.57 | 5.70 |
| 5t载重汽车 | 台班 | 0.498 | 310.59 | 钢筋φ10以内 | t | 1.105 | 2335.45 |
| 木工圆锯 | 台班 | 0.036 | 171.28 | 钢筋弯曲机 | 台班 | 0.667 | 152.22 |
| 翻斗车 | 台班 | 1.626 | 101.59 | 插入式振动器 | 台班 | 3.237 | 11.82 |
| 木模 | m³ | 0.405 | 1242.62 | 平板式振动器 | 台班 | 0.418 | 13.57 |
| 镀锌铁丝 | kg | 146.58 | 5.41 | 电动打夯机 | 台班 | 85.03 | 23.12 |
| 灰土 | m³ | 54.74 | 25.24 | 综合工日 | 工日 | 1707.84 | 28.00 |
| 混凝土搅拌机 | 台班 | 2.174 | 152.15 | | | | |

2. 问题

试用实物法列表编制该基础工程的施工图预算。

3. 案例分析

实物法编制施工图预算,是市场经济发展需要;是我国造价管理改革的必然趋势。

(1) 本案例已根据《全国统一建筑工程基础定额》消耗指标,进行了工料分析,并得出各项资源的消耗量和该地区相应的预算价格表,见表 7-1。在此基础上可直接利用表 7-1 计算出该基础工程的人工费、材料费和机械费。

(2) 按背景材料给定费率计算各项费用,并汇总得出该基础工程的施工图预算造价。

1) 直接工程费 = Σ(人工消耗量 × 当时当地人工工资单价) + Σ(材料消耗量 × 当时当地预算单价) + Σ(机械台班消耗量 × 当时当地机械台班单价)

2) 措施费 = 直接工程费 × 措施费率(或按当地造价管理部门规定计算)

3) 直接费 = 直接工程费 + 措施费

4) 间接费 = 直接费 × 间接费率

5) 利润 = 直接费 × 利润率

6) 税金 = (直接费 + 间接费 + 利润) × 税率

7) 含税造价 = 直接费 + 间接费 + 利润 + 税金

4. 答案

(1) 根据表 7-1 中的各种资源的消耗量和预算价格,列表计算该基础工程的人工费、材料费和机械费,见表 7-2。

计算结果:人工费:47819.52 元

材料费:33637.81 元

机械费:3223.54 元

直接费 = (47819.52 + 33637.81 + 3223.54)元 = 84680.87 元

表 7-2　某基础工程人、材、机费用计算表

| 资源名称 | 单位 | 消耗量 | 单价/元 | 合价/元 | 资源名称 | 单位 | 消耗量 | 单价/元 | 合价/元 |
|---|---|---|---|---|---|---|---|---|---|
| 3.25 水泥 | kg | 1740.84 | 0.25 | 435.21 | 钢筋Φ10 以上 | t | 1.884 | 2497.86 | 4705.97 |
| 42.5 水泥 | kg | 18101.65 | 0.27 | 4887.45 | 材料费合计 | | | | 33637.81 |
| 52.5 水泥 | kg | 8349.76 | 0.30 | 2504.93 | 砂浆搅拌机 | 台班 | 8.12 | 42.84 | 347.86 |
| 净砂 | m³ | 70.76 | 30.00 | 2122.80 | 5t 载重汽车 | 台班 | 0.498 | 310.59 | 154.67 |
| 碎石 | m³ | 40.23 | 41.20 | 1657.48 | 木工圆锯 | 台班 | 0.036 | 171.28 | 6.17 |
| 钢模 | kg | 152.96 | 3.95 | 604.19 | 翻斗车 | 台班 | 1.626 | 101.59 | 165.19 |
| 木模 | m³ | 0.405 | 1242.62 | 503.26 | 混凝土搅拌机 | 台班 | 2.174 | 152.15 | 330.77 |
| 镀锌铁丝 | kg | 146.58 | 5.41 | 793.00 | 卷扬机 | 台班 | 0.861 | 72.57 | 62.48 |
| 灰土 | m³ | 54.74 | 25.24 | 1381.64 | 钢筋切断机 | 台班 | 0.279 | 161.47 | 45.05 |
| 水 | m³ | 42.90 | 1.24 | 53.20 | 钢筋弯曲机 | 台班 | 0.667 | 152.22 | 101.53 |
| 电焊条 | kg | 12.98 | 6.67 | 86.58 | 插入式振动器 | 台班 | 3.237 | 11.82 | 38.26 |
| 草袋子 | m³ | 24.30 | 0.94 | 22.84 | 平板式振动器 | 台班 | 0.418 | 13.57 | 5.67 |
| 黏土砖 | 千块 | 109.07 | 100.00 | 10907.00 | 电动打夯机 | 台班 | 85.03 | 23.12 | 1965.89 |
| 隔离剂 | kg | 20.32 | 2.00 | 40.64 | 机械费合计 | | | | 3223.54 |
| 铁钉 | kg | 61.57 | 5.70 | 350.95 | 综合工日 | 工日 | 1707.84 | 28.00 | 47819.52 |
| 钢筋Φ10 以内 | t | 1.105 | 2335.45 | 2580.67 | 人工费合计 | | | | 47819.52 |

（2）根据表7-2计算求得的人工费、材料费、机械费和背景材料给定的费率计算该基础工程的施工图预算造价，见表7-3。

表7-3 某基础工程施工预算费用计算表

| 序 号 | 费用名称 | 费用计算表达式 | 金额/元 | 备 注 |
|---|---|---|---|---|
| （1） | 直接工程费 | 人工费 + 材料费 + 机械费 | 84680.87 | |
| （2） | 措施费 | （1）×7.32% | 6198.64 | |
| （3） | 直接费 | （1）+（2） | 90879.51 | |
| （4） | 间接费 | （3）×12.92% | 11741.63 | |
| （5） | 利润 | [（3）+（4）]×6% | 6157.27 | |
| （6） | 税金 | [（3）+（4）+（5）]×3.413% | 3712.61 | |
| （7） | 预算造价 | （3）+（4）+（5）+（6） | 112491.02 | |

## 练 习 题

练习题一

1. 背景资料

某建设项目，有关数据资料如下：

（1）项目的设备及工器具购置费为2400万元。

（2）项目的建筑安装工程费为1300万元。

（3）项目的工程建设其他费用为800万元。

（4）基本预备费费率为10%。

（5）年均价格上涨率为6%。

（6）项目建设期为2年，第1年建设投资为60%，第2年建设投资为40%，建设资金第1年贷款1200万元，第2年贷款700万元，贷款年利率为8%，计息周期为半年。

（7）设备购置费中的国外设备购置费90万美元为自有资金，估算投资时的汇率为1美元=6.5元人民币，于项目建设期第一年末投资，项目建设期内人民币升值，汇率年均上涨5%。

2. 问题

1. 项目的基本预备费应是多少？

2. 项目的静态投资是多少？

3. 项目的价差预备费是多少？

4. 项目建设期贷款利息是多少？

5. 汇率变化对建设项目的投资额影响有多大？

6. 项目投资的动态投资是多少？

## 1. 背景资料

某室内热水采暖系统中部分工程图如图 7-1~图 7-4 所示，管道采用焊接钢管。安装完毕管外壁刷油防腐，竖井及地沟内的主干管设保温层 50mm 厚。管道支架按每米管道 0.5kg 另计。底层采用铸铁四柱（M813）散热器，每片长度 57mm；二层采用钢制板式散热器；三层采用钢制光排管散热器（图 7-4），无缝钢管现场制作安装。每组散热器均设一手动放气阀。散热器进出水支管间距均按 0.5m 计，各种散热器均布置在房间正中窗下。管道除标注 DN50（外径为 60mm）的外，其余均为 DN20（外径为 25mm）。

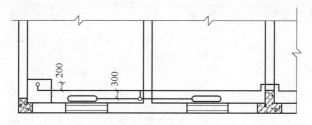

图 7-1　顶层采暖平面图

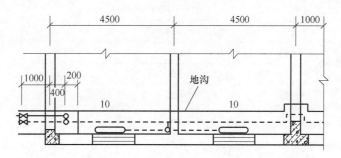

图 7-2　底层采暖平面图

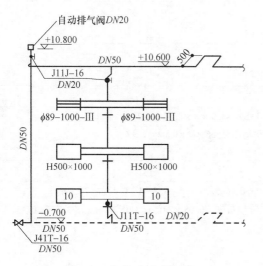

图 7-3　部分采暖系统图

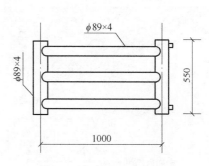

图 7-4　钢制光排管散热器

若该采暖安装工程直接工程费为29625元，其中定额工日125个，人工费单价25元/工日。采暖工程脚手架搭拆费按直接工程费中人工费的5%计算（其中人工费占25%），综合措施费按直接工程费中人工费的15%计算（其中人工费占25%）。间接费、利润、增值税税金的费率分别为90%、52%、9%。

2. 问题

依据《全国统一安装工程预算工程量计算规则》，计算并复核"采暖安装工程量计算表"（表7-4）中所列的内容，并将错误予以修正（注：进水管与回水管以外墙中心线以外1.00m为界，计算结果保留小数点后2位）。

表7-4 采暖安装工程量计算表

| 序号 | 分项工程名称 | 单位 | 工程量 | 计算过程 |
|---|---|---|---|---|
| 1 | 焊接钢管DN50 | m | 33.3 | 水平管：$(1+4.5+4.5+1)\times2=22$<br>立管：$(0.7+10.6)=11.3$<br>合计：$22+11.3=33.3$ |
| 2 | 焊接钢管DN20 | m | 31.66 | 主管：$(10.6+0.7)-(3\times0.5)=9.8$<br>水平管：$[(4.5-1)+(4.5-1)+(4.5-0.057\times10)]\times2=21.86$<br>合计：31.66 |
| 3 | 法兰阀门DN50 | 个 | 2 | $1+1$ |
| 4 | 法兰DN50 | 副 | 2 | $1+1$ |
| 5 | 螺纹阀门DN20 | 个 | 2 | $1+1$ |
| 6 | 铸铁四柱散热器 | 组 | 2 | $1+1$ |
| 7 | 钢制板式散热器 | 组 | 2 | $1+1$ |
| 8 | 钢制光排管散热器 | 组 | 2 | $1+1$ |
| 9 | 采暖管道防腐 | m² | 7.22 | DN50：$33.3\times\pi\times0.05=5.23$<br>DN20：$31.66\times\pi\times0.02=1.99$<br>合计：7.22 |
| 10 | 管道保温 | m² | 0.43 | DN50：$(33.3-4.5-4.5-1+0.4)m=23.7m$<br>$V=[(0.06+0.05\times2)^2-(0.05^2)]\times\pi\times23.7/4=0.43$ |
| 11 | 手动放风阀 | 个 | 6 | |

（续）

| 序　号 | 分项工程名称 | 单　位 | 工　程　量 | 计　算　过　程 |
|---|---|---|---|---|
| 12 | 自动排气阀 DN20 | 个 | 1 | |
| 13 | 支架制安 | kg | 32.48 | $(33.3 + 31.66) \times 0.5 = 32.48$ |

注：复核结果填在"单位""工程量""计算过程"相应项目栏的下栏中。

 **练习题三**

1. 背景资料

某工业企业拟新建一幢五层框架结构综合车间。第 1 层外墙围成的面积为 286m²；主入口处为一有柱雨篷，柱外围水平面积 12.8m²；伸出外墙 2.3m，水平投影面积 16.8m² 主入口处平台及踏步台阶水平投影面积 21.6m²；第 2～5 层每层外墙围成的面积为 272m²；第 2～5 层每层有 1 个悬挑式半封闭阳台，每个阳台的水平投影面积为 6.4m²；屋顶有一出屋面楼梯间，水平投影面积 24.8m²。

2. 问题

1）该建筑物的建筑面积为多少？

2）利用表 7-5 分别按土建和安装专业编制单位工程预算费用计算表。

1）土建专业：假定该工程的土建工程直接工程费为 935800 元。该工程取费系数为：措施费率 7.10%，间接费率 10.26%，利润率 4%，增值税税率 9%。

2）安装专业：假定该工程的水、暖、电工程直接工程费为 410500 元，其中人工费为 34210 元。该工程取费系数为：措施费率 33.2%（其中人工费占 25%），间接费率 72.30%，利润率 52%，增值税税率 9%。

表 7-5 ＿＿＿＿＿＿单位工程预算费用计算表　　　　　　（单位：元）

| 序　号 | | | |
|---|---|---|---|
| 1 | | | |
| 2 | | | |
| 3 | | | |
| 4 | | | |
| 5 | | | |
| 6 | | | |
| 7 | | | |

3. 根据问题 2 的计算结果和表 7-6 的土建、水暖电和工器具等单位工程造价占单项工程综合造价的比例确定各单项工程综合造价。

表 7-6　土建、水暖电和工器具等造价占单项工程综合造价的比例

| 专业名称 | 土　建 | 水　暖　电 | 工　器　具 | 设备购置 | 设备安装 |
|---|---|---|---|---|---|
| 所占比例（%） | 41.25 | 17.86 | 0.5 | 35.39 | 5 |

# 第8章

# 建设工程施工招标与投标

## 学习目标

通过本章的学习，了解建设工程施工招标与投标的概念及程序；了解控制价与投标报价的编制方法；掌握综合评分法的评标过程与方法。

# 8.1　建设工程施工招标与投标概述

### 8.1.1　建设工程施工招标与投标的概念

建设工程施工招标与投标是用于建设工程交易的一种市场行为。其特点是由固定的买主设定包括商品质量、价格、期限为主的标底，邀请若干卖主通过秘密报价，由买主择优选择优胜者，与其达成交易协议，签订工程承包合同，最后按合同实现标的的竞争过程。

### 8.1.2　建设工程施工招标与投标程序

1. 建设工程施工招标程序

建设工程施工招标一般采用公开招标和邀请招标两种方式。

（1）公开招标　公开招标的一般程序如下：

1）申报招标项目，由招标办公室发布招标信息。

2）组织招标工作小组，并报上级主管部门核准。

3）对报名的投标单位进行资格审查，确定投标单位后，分发招标文件，并收取投标保证金。

4）组织投标单位进行现场踏勘和对招标文件答疑。

5）确定评标办法，公开开标和评审投标的文件。

6）召开决标会，确定中标单位。

7）发出中标通知书，收回未中标单位领取的招标资料和图纸，退还投标保证金。

8）与中标单位签订工程施工承包合同。

（2）邀请招标　邀请招标的工程通常是保密或有特殊要求的工程，或者规模小、内容简单的工程。邀请招标程序与公开招标程序基本相同。

注意被邀请参加投标的施工企业不得少于 3 个。

2. 建设工程施工投标程序

建设工程施工投标的主要程序如下：

1）根据招标公告、有关信息及业主的资信可靠情况，选择投标项目。

2）精心挑选精干且富有经验的工作人员组成投标工作小组。

3）领取或购买招标文件。

4）熟悉和研究招标文件。

5）勘察施工现场。

6）参加招标单位组织的答疑会。

7）编制施工组织设计。

8）编制标价。

9）研究和确定投标策略。

10）调整标价。

11）确认合同主要条款。

12）编写标书综合说明。

13）审核标书后，按规定时间送达指定地点。

14）参加开标、评标会议。

15）收到中标通知书后，签订工程承包合同。

### 8.1.3　招标控制价与投标报价编制方法

1. 招标控制价

（1）招标控制价的概念

招标人根据国家或省级、行业建设主管部门颁发的有关计价依据和方法，按设计施工图计算的，对招标工程限定的最高工程造价称招标控制价。

国有资金投资的工程建设项目应实行工程量清单招标，并应编制招标控制价。招标控制价超过批准的概算时，招标人应将其报原概算审批部门审核。

投标人的投标报价高于招标控制价的，其投标应予以拒绝。

（2）招标控制价的编制依据

招标控制价的编制依据如下：

1）《建设工程工程量清单计价规范》（GB 50500—2013）。

2）国家或省级、行业建设主管部门颁发的计价定额和计价办法。

3）建设工程设计文件及相关资料。

4）招标文件中的工程量清单及有关要求。

5）与建设项目相关的标准、规范、技术资料。

6）工程造价管理机构发布的工程造价信息，工程造价信息没有发布的参照市场价。

7）其他相关资料。

（3）招标控制价的编制方法

招标控制价与投标报价的编制方法基本相同，其主要步骤是：

1）计算分部分项工程量清单综合单价，并计算分部分项工程量清单与计价表。

2）计算措施项目清单综合单价，并计算措施项目清单与计价表。

3）计算其他项目清单与计价汇总表。

4）计算规费、税金项目清单与计价表。

5）计算单位工程招标控制价汇总表。

6）计算单项工程招标控制价汇总表。

7）编写总说明、填写招标控制价封面。

2. 投标报价

（1）投标报价的概念

投标报价是指投标人投标时报出的工程造价。

除《建设工程工程量清单计价规范》（GB 50500—2013）强制性规定外，投标报价由投标人自主确定，但不得低于成本。

（2）投标报价的编制依据

投标报价的主要依据如下：

1）《建设工程工程量清单计价规范》（GB 50500—2013）。

2）国家或省级、行业建设主管部门颁发的计价办法。

3）企业定额，国家或省级、行业建设主管部门颁发的计价定额。

4）招标文件、工程量清单及其补充通知、答疑纪要。

5）建设工程设计文件及相关资料。

6）施工现场情况、工程特点及拟定的投标施工组织设计或施工方案。

7）与建设项目相关的标准、规范、技术资料。

8）市场价格信息或工程造价管理机构发布的工程造价信息。

9）其他相关资料。

（3）投标报价的编制方法

投标报价采用"清单计价"方式编制，主要步骤包括：

1）根据分部分项工程量清单和选用的计价定额，计算计价工程量。

2）根据工程量清单、计价工程量、计价定额，编制分部分项工程量清单综合单价。

3）根据综合单价和分部分项工程量清单，计算分部分项工程量清单与计价表。

4）编制措施项目清单的综合单价，并计算措施项目清单与计价表。

5）确定暂列金额、专业工程暂估价和计日工单价，并计算其他项目清单与计价汇总表。

6）计算规费、税金项目清单与计价表。

7）计算单位工程投标报价汇总表。

8）计算单项工程投标报价汇总表。

9）编写总说明、填写投标总价封面。

### 8.1.4　评标方法简介

**1. 综合评分法**

综合评分法是分别对各投标单位的标价、质量、工期、施工方案、社会信誉、资金状况等几个方面进行评分，选择总分最高的单位为中标单位的评标方法。综合评分法量化指标计算方法见表 8-1。

**2. 合理低价法**

在技术标通过的情况下，在保证质量、工期等条件下，选择合理低价的投标单位为中标单位。

**3. 费率评标法**

确定应采用的定额、费率、人工、材料、机械台班单价以及造价计算程序等标准后，选择费率降低到合理最低的投标单位为中标单位。

表 8-1　综合评分法量化指标计算方法

| 评标指标 | 计算方法 |
|---|---|
| 相对报价 $x_p$ | $x_p = \dfrac{标底 - 标价}{标底} \times 100 + 90$ <br>（当 $0 \leqslant \dfrac{标底 - 标价}{标底} \times 100 \leqslant 10$ 时有效） |

（续）

| 评 标 指 标 | 计 算 方 法 |
|---|---|
| 工期分 $x_t$ | $x_t = \dfrac{招标工期 - 投标工期}{招标工期} \times 100 + 75$<br><br>（当 $0 \leqslant \dfrac{招标工期 - 投标工期}{招标工期} \times 100 \leqslant 25$ 时有效） |
| 工程优良率 $x_q$ | $x_q = \dfrac{上年度优良工程竣工面积}{上年度承建工程竣工面积} \times 100$ |

| 评标指标 | 项　目 | 等　级 | 分　值 |
|---|---|---|---|
| 企业信誉 $x_n$<br>（$x_n = x_1 + x_2$） | 上年度获荣誉称号（$x_1$） | 省部级<br>市级<br>县级 | 50<br>40<br>30 |
| | 上年度获工程质量奖（$x_2$） | 省部级<br>市级<br>县级 | 50<br>40<br>30 |

## 8.2　建设工程施工招标与投标案例分析

### 8.2.1　建设工程施工招投标案例分析

**1. 背景资料**

某学院为了满足扩大招生后正常上课的需要，计划在新学年开学前完成一幢教学大楼的建设任务。该项目由政府投资，是该市建设规划的重点项目之一，且已列入年度固定资产投资计划，设计概算已由主管部门批准，征地工作正在进行，施工图及有关资料齐全，现决定对该项目进行施工公开招标。

由于估计参加投标的施工企业除了国有大型企业外，还有中小型股份制企业，所以业主委托咨询单位编制了两个标底，准备分别用于两个不同类型施工企业投标价的评定。业主对投标单位就招标文件提出的问题统一作了书面答复，并以备忘录的形式分发给各投标单位，并说明了哪条是哪个单位在什么时候提出的什么问题。

由于建设工期紧迫，业主要求各投标单位收到招标文件后，15 天内完成投标文件制作，第 15 天的下午 5 点为提交投标文件截止时间。

**2. 问题**

（1）该项工程标底应采用什么方法编制？简述理由。

（2）业主对投标单位进行的资格预审应包括哪些内容？

（3）该招标项目在哪些方面存在问题与不当之处？请逐一说明。

**3. 案例分析**

本案例考核工程施工招标在开标前的有关问题，主要考核招标需具备的条件、招标程序、标底编制、投标单位资格预审等问题，要求根据《中华人民共和国招标投标法》

和其他法律法规文件的规定，正确分析工程招标投标过程中存在的问题。因此，在答题时，要根据本案例背景给定的条件回答，回答时不仅要指出错误之处，而且要说明其错误原因。

4. 答案

**问题（1）**

由于该项目是政府投资且施工图及有关技术资料齐全，所以必须采用工程量清单计价法编制标底。

**问题（2）**

业主对投标单位进行的资格预审包括：投标单位组织机构与企业概况；近三年来完成工程的情况，包括建筑面积、工程质量、工程类型等；目前正在履行的合同情况；资源方面包括财务状况、管理水平、技术水平、劳动力资源、设备状况；其他资料，如获得的各项奖励等。

**问题（3）**

该项目施工招标存在以下几个方面的问题：

（1）本项目征地工作尚未全部完成，不具备施工招标的必要条件，因而不能进行施工招标。

（2）不能编制两个标底，因为招标投标法规定，一个工程只能编制一个标底，不能对不同的投标单位采用不同的标底进行评标。

（3）业主只能针对投标单位提出的具体问题做出明确的答复，但不应提及具体的投标单位。因为按《中华人民共和国招标投标法》第二十二条规定，"招标人不得向他人透露已获取招标文件的潜在投标人的名称、数量以及可能影响公平竞争的有关招标投标的其他情况"。

（4）《中华人民共和国招标投标法》第二十四条规定，"自招标文件开始发出之日起至投标人提交投标文件截止之日止，最短不得少于二十日"，本项目规定用 15 天时间完成并递交投标文件是不合理的。

### 8.2.2　建设工程评标案例分析

1. 背景资料

某住宅工程，标底价为 4500 万元，标底工期为 360 天。各评标指标的相对权重为：工程报价 40%；工期 10%；质量 35%；企业信誉 15%。各承包商投标报价等情况见表 8-2。

表 8-2　投标报价等情况一览表

| 投标单位 | 工程报价/万元 | 投标工期/天 | 上年度优良工程建筑面积/m² | 上年度承建工程建筑面积/m² | 上年度获荣誉称号 | 上年度获工程质量奖 |
|---|---|---|---|---|---|---|
| A | 4460 | 320 | 24000 | 50600 | 市级 | 市级 |
| B | 4530 | 300 | 46000 | 60800 | 省部级 | 市级 |
| C | 4290 | 270 | 18000 | 43200 | 市级 | 县级 |
| D | 4100 | 280 | 21500 | 71200 | 无 | 县级 |

**2. 问题**

（1）根据综合评分法的规则，初选合格的投标单位。

（2）对合格投标单位进行综合评价，确定其中标单位。

**3. 案例分析**

综合评分法的主要规则是：工程报价不能高于标底价，也不能低于标底价的10%；投标工期不能高于标底工期，也不能低于标底工期的25%。

（1）根据上述评标规则，初选入围的投标单位。

（2）根据投标报价等情况一览表和综合评分法量化指标计算方法计算各指标值。

（3）根据量化指标计算出的各指标值和各指标的相对权重进行综合评分计算，并确定总分和名次。

**4. 答案**

**问题（1）**

B投标单位的工程报价4530万元已超过标底价4500万元，故初选入围单位有A、C、D三个单位。

**问题（2）**

根据投标报价等情况一览表和综合评分法量化指标计算方法计算各指标值，见表8-3。

根据投标单位各指标值和各指标权重，确定投标单位综合评分结果及名次，见表8-4。

表8-3　投标单位各指标值

| 指标<br>投标单位 | 相对报价 $x_p$ | 工期分 $x_t$ | 工程优良率 $x_q$ | 企业信誉 $x_n$ | | |
|---|---|---|---|---|---|---|
| | | | | 荣誉称号<br>$x_1$ | 工程质量奖<br>$x_2$ | $x_n = x_1 + x_2$ |
| A | $\dfrac{4500-4460}{4500} \times 100 + 90 = 90.89$ | $\dfrac{360-320}{360} \times 100 + 75 = 86.11$ | $\dfrac{24000}{50600} \times 100 = 47.43$ | 40 | 40 | 80 |
| C | $\dfrac{4500-4290}{4500} \times 100 + 90 = 94.67$ | $\dfrac{360-270}{360} \times 100 + 75 = 100$ | $\dfrac{18000}{43200} \times 100 = 41.67$ | 40 | 30 | 70 |
| D | $\dfrac{4500-4100}{4500} \times 100 + 90 = 98.89$ | $\dfrac{360-280}{360} \times 100 + 75 = 97.22$ | $\dfrac{21500}{71200} \times 100 = 30.20$ | 0 | 30 | 30 |

表8-4　投标单位综合评分结果及名次表

| 指标<br>投标单位 | 工程报价 | 工期 | 工程优良率 | 企业信誉 | 总分 | 名次 |
|---|---|---|---|---|---|---|
| A | $90.89 \times 40\% = 36.36$ | $86.11 \times 10\% = 8.61$ | $47.43 \times 35\% = 16.60$ | $80 \times 15\% = 12$ | 73.57 | 1 |
| C | $94.67 \times 40\% = 37.87$ | $100 \times 10\% = 10$ | $41.67 \times 35\% = 14.58$ | $70 \times 15\% = 10.5$ | 72.95 | 2 |
| D | $98.89 \times 40\% = 39.56$ | $97.22 \times 10\% = 9.72$ | $30.20 \times 35\% = 10.57$ | $30 \times 15\% = 4.5$ | 64.35 | 3 |

结论：中标单位为A单位。

### 8.2.3 不平衡报价案例分析

#### 1. 背景资料

某写字楼工程招标，允许按不平衡报价法进行投标报价。甲承包商按正常情况计算出投标估算价后，采用不平衡报价法进行了适当调整，调整结果见表 8-5。

表 8-5　采用不平衡报价法调整的某写字楼投标报价

| 内　　容 | 基 础 工 程 | 主 体 工 程 | 装饰装修工程 | 总　　价 |
|---|---|---|---|---|
| 调整前投标估算价/万元 | 340 | 1866 | 1551 | 3757 |
| 调整后正式报价/万元 | 370 | 2040 | 1347 | 3757 |
| 工期/月 | 2 | 6 | 3 | |
| 贷款月利率（%） | 1 | 1 | 1 | |

现假设基础工程完成后开始主体工程，主体工程完成后开始装饰装修工程，中间无间歇时间，各工程中各月完成的工作量相等且能按时收到工程款。年金及一次支付的现值系数见表 8-6。

表 8-6　年金及一次支付的现值系数

| 现　　值 | 期　　数 | | | |
|---|---|---|---|---|
| | 2 | 3 | 6 | 8 |
| $(P/A,1\%,n)$ | 1.970 | 2.941 | 5.795 | 7.651 |
| $(P/F,1\%,n)$ | 0.980 | 0.971 | 0.942 | 0.923 |

#### 2. 问题

（1）甲承包商运用的不平衡报价法是否合理？为什么？

（2）采用不平衡报价法后甲承包商所得全部工程款的现值比原投标估价的现值增加多少元（以开工日期为现值计算点）？

#### 3. 案例分析

不平衡报价法是常用的投标报价方法，其基本原理是在总报价不变的前提下，对前期工程可能增加的工程量加大，并且提高其单价；对后期工程的工程量减少和降低单价，从而获取资金时间价值带来的收益。不平衡报价法对各部分造价的调整幅度不宜太大，通常在 10% 左右较为恰当。

不平衡报价

在本案例中，要求熟练地运用工程经济资金时间价值的知识与方法，掌握不平衡报价法的基本原理，熟练运用等额年金现值计算公式 $P = A\dfrac{(1+i)^n - 1}{i\,(1+i)^n}$ 和一次支付现值的计算公式 $P = F\dfrac{1}{(1+i)^n}$。

#### 4. 答案

**问题（1）**

甲承包商将前期基础工程和主体工程的投标报价调高，将后期装饰装修工程的报价调低，其提高和降低的幅度在 10% 左右，且工程总价不变。因此，甲承包商在投标报价中所运用的不平衡报价法较为合理。

**问题（2）**

采用不平衡报价法后甲承包商所得全部工程款的现值比原投标估价的现值增加额计算如下：

（1）报价调整前的工程款现值为

基础工程每月工程款 $F_1 = 340$ 万元$/2 = 170$ 万元

主体工程每月工程款 $F_2 = 1866$ 万元$/6 = 311$ 万元

装饰工程每月工程款 $F_3 = 1551$ 万元$/3 = 517$ 万元

$$
\begin{aligned}
\text{报价调整前的工程款现值} &= F_1(P/A,1\%,2) + F_2(P/A,1\%,6)(P/F,1\%,2) + \\
&\quad F_3(P/A,1\%,3)(P/F,1\%,8) \\
&= (170 \times 1.970 + 311 \times 5.795 \times 0.980 + 517 \times 2.941 \times \\
&\quad 0.923)\text{万元} \\
&= 3504.52 \text{ 万元}
\end{aligned}
$$

（2）报价调整后的工程款现值为

基础工程每月工程款 $F_1 = 370$ 万元$/2 = 185$ 万元

主体工程每月工程款 $F_2 = 2040$ 万元$/6 = 340$ 万元

装饰工程每月工程款 $F_3 = 1347$ 万元$/3 = 449$ 万元

$$
\begin{aligned}
\text{报价调整后的工程款现值} &= F_1(P/A,1\%,2) + F_2(P/A,1\%,6) \\
&\quad (P/F,1\%,2) + F_3(P/A,1\%,3)(P/F,1\%,8) \\
&= (185 \times 1.970 + 340 \times 5.795 \times 0.980 + 449 \times \\
&\quad 2.941 \times 0.923)\text{万元} \\
&= 3514.17 \text{ 万元}
\end{aligned}
$$

（3）比较两种报价的差额。

$$
\begin{aligned}
\text{两种报价的差额} &= \text{调整后的工程款现值} - \text{调整前的工程款现值} \\
&= (3514.17 - 3504.52)\text{万元} \\
&= 9.65 \text{ 万元}
\end{aligned}
$$

结论：采用不平衡报价法后，甲承包商所得工程款的现值比原估价现值增加9.65万元。

## 练 习 题

### 练习题一

**1. 背景资料**

某业主有一个政府投资的工程项目需建设。为了保证质量，业主邀请了技术实力和信誉俱佳的A、B、C三家施工承包商参加投标。在招标过程中，发出的招标文件包括施工图和材料价格，并要求各承包商按自己计算的工程量进行报价。同时，招标文件规定，按最低报价的办法确定中标单位。

2. 问题

（1）该工程采用邀请招标方式且仅邀请了三家承包商投标，是否违反了规定？为什么？

（2）该项目的招标方法合理吗？如果不合理，应该如何进行招标？

（3）该项目的评标方法合理吗？如果不合理，应该如何进行评标？

 练习题二

1. 背景资料

某住宅工程，标底价为 8800 万元，计划工期为 400 天。各评标指标的相对权重为：工程报价 40%；工期 10%；质量 35%；企业信誉 15%。各承包商投标报价等情况见表 8-7。

表 8-7 投标报价等情况一览表

| 投标单位 | 工程报价/万元 | 投标工期/天 | 上年度优良工程建筑面积/m² | 上年承建工程建筑面积/m² | 上年度获荣誉称号 | 上年度获工程质量奖 |
|---|---|---|---|---|---|---|
| A | 8090 | 370 | 40000 | 66000 | 市级 | 省部级 |
| B | 7990 | 360 | 60000 | 80000 | 省部级 | 市级 |
| C | 7508 | 380 | 80000 | 132000 | 市级 | 县级 |
| D | 8630 | 350 | 50000 | 71000 | 县级 | 省部级 |

2. 问题

（1）根据综合评分法的规则，初选合格投标单位。

（2）对合格投标单位进行综合评价，确定中标单位。

 练习题三

1. 背景资料

某综合楼工程招标，允许按不平衡报价法进行投标报价。A 承包商按正常情况计算出投标估算价后，采用不平衡报价法进行了适当调整，调整结果见表 8-8。

表 8-8 采用不平衡报价法调整的投标报价

| 内 容 | 基 础 工 程 | 主 体 工 程 | 装饰装修工程 | 总 价 |
|---|---|---|---|---|
| 调整前投标估算价/万元 | 500 | 4500 | 3000 | 8000 |
| 调整后正式报价/万元 | 550 | 4650 | 2800 | 8000 |
| 工期/月 | 4 | 12 | 8 | |
| 贷款月利率（%） | 1 | 1 | 1 | |

现假设基础工程完成后开始主体工程，主体工程完成后开始装饰装修工程，中间无间歇时间，各工程中各月完成的工作量相等且能按时收到工程款。年金及一次支付的现值系数见表 8-9。

表 8-9　年金及一次支付的现值系数

| 现　值 | 期　数 | | | |
|---|---|---|---|---|
| | **4** | **8** | **12** | **16** |
| $(P/A, 1\%, n)$ | 3.902 | 7.652 | 11.255 | 14.718 |
| $(P/F, 1\%, n)$ | 0.961 | 0.924 | 0.887 | 0.853 |

2. 问题

（1）A 承包商运用的不平衡报价法是否合理？为什么？

（2）采用不平衡报价法后，A 承包商所得全部工程款的现值比原投标估价的现值增加多少元（以开工日期为现值计算点)？

# 第9章

## 建设工程合同管理与工程索赔

 学习目标

通过本章的学习，了解建设工程合同的概念；了解建设工程合同的分类；熟悉合同纠纷的处理，工程变更价款确定的方法和工程索赔的计算方法。

## 9.1 建设工程合同管理与工程索赔概述

### 9.1.1 建设工程合同的概念

《中华人民共和国合同法》（下称《合同法》）规定：建设工程合同是承包人进行工程建设、发包人支付价款的合同。建设工程合同双方当事人应当在合同中明确各自的权利和义务，主要是承包人进行工程建设、发包人支付工程款。建设工程合同是一种诺成合同，也是一种双务、有偿合同，合同订立生效后双方应当严格履行，当事人双方在合同中都有各自的权利和义务，在享有权利的同时必须履行义务。

### 9.1.2 建设工程合同的分类

建设工程合同可以从不同的角度进行分类。

（1）按承发包的不同范围和数量划分　按承发包的不同范围和数量可以将建设工程合同分为建设工程总承包合同、建设工程承包合同、分包合同。

（2）按完成承包的内容来划分　按完成承包的内容可将建设工程合同分为建设工程勘察合同、建设工程设计合同和建设工程施工合同。

### 9.1.3 合同纠纷的处理方法

《合同法》规定，合同纠纷的处理方法有和解、调解、仲裁、诉讼四种。

1. 和解

和解是指合同当事人依据有关法律规定和合同约定，在自愿友好的基础上，互相谅解，经过谈判和磋商，自愿对争议事项达成协议，从而解决合同纠纷的一种方法。

2. 调解

调解是指在第三方的主持下，通过对当事人进行说服教育，促使双方互相作出适当的让步，自愿达成协议，从而解决合同纠纷的方法。

3. 仲裁

仲裁亦称"公断"，是双方当事人在合同纠纷发生前或纠纷发生后达成协议，自愿将纠纷交给仲裁机构作裁决，并负有自觉履行义务的解决纠纷的方法。

4. 诉讼

诉讼是通过司法程序解决合同纠纷，是合同当事人依法请求人民法院行使审判权，审理双方发生的合同纠纷，由国家强制保证实现其合法权益，从而解决争议的审判活动。

### 9.1.4 工程变更价款确定方法

1. 变更后合同价款的确定程序

工程变更发生后，承包人在工程变更确定后14天内，提出变更工程价款的报告，经工程师确认后调整合同价款。承包人在确定变更后14天内不向监理工程师提出变更工程价款报告时，视为该项工程变更不涉及合同价款的变更。监理工程师收到变更工程价款报告之日起7天内，予以确认。监理工程师无正当理由不确认时，自变更价款报告送达起14天后变更工程价款报告自行生效。

**2. 变更合同价款的确定方法**

变更合同价款按照下列方法进行：

1）合同中已有适用于变更工程的价格，按合同已有的价格计算变更合同价款。

2）合同中只有类似于变更工程的价格，可参照此价格确定变更价格，变更合同价款。

3）合同中没有适用或类似于变更工程的价格，由承包人提出适当的变更价格，经工程师确认后执行。

### 9.1.5 工程索赔的概念

工程索赔是在工程承包合同履行中，当事人一方由于另一方未履行合同所规定的义务或者出现了因应当由对方承担的风险而遭受损失时，向另一方提出赔偿要求的行为。我国《建设工程施工合同示范文本》中的索赔是双向的，既包括承包人向发包人的索赔，也包括发包人向承包人的索赔。

### 9.1.6 工程索赔的内容与分类

**1. 工程索赔的内容**

1）不利的自然条件与人为障碍引起的索赔。

2）工期延长和延误的索赔。

3）加速施工的索赔。

4）因施工临时中断和工效降低引起的索赔。

5）业主不正当地终止工程而引起的索赔。

6）业主风险和特殊风险引起的索赔。

7）物价上涨引起的索赔。

8）拖欠支付工程款引起的索赔。

9）法规、货币及汇率变化引起的索赔。

10）因合同条文模糊不清甚至错误引起的索赔。

**2. 工程索赔的分类**

（1）按索赔合同依据分类 按索赔的合同依据不同，可以将工程索赔分为合同中明示的索赔和合同中默示的索赔。

（2）按索赔目的分类 按索赔目的可以将工程索赔分为工期索赔、费用索赔。

（3）按索赔事件的性质分类 按索赔事件的性质可以将工程索赔分为工程延误索赔、工程变更索赔、合同被迫终止索赔、工程加速索赔、意外风险和不可预见因素索赔和其他索赔。

### 9.1.7 工程索赔计算方法简介

**1. 费用索赔的计算**

工程索赔中可索赔的费用一般包括人工费、设备费、材料费、保函手续费、贷款利息、保险费、利润、管理费。在不同的索赔事件中可以索赔的费用是不同的，费用索赔的计算方法有分项法、总费用法等。

（1）分项法 该方法按照每个索赔事件所引起损失的费用项目分别分析计算索赔值，然后将各费用项目的索赔值汇总得到总索赔费用值。这种方法以承包商为某项索赔工作所支付的实际开支为依据，但仅限于由于索赔事项引起的、超过原计划的费用。在这种计算方法中，需要注意的是不要遗漏费用项目。

（2）总费用法 该方法是当发生多次索赔事件以后，重新计算出该工程的实际费用，再从这个实际总费用中减去投标报价时的结算总费用，计算出索赔余额，具体公式是

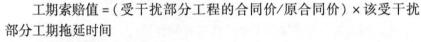

$$索赔金额 = 实际总费用 - 投标报价估算总费用$$

**2. 工期索赔的计算**

工期索赔的计算方法主要有网络分析法和比例计算法两种。

（1）网络分析法 该法是利用进度计划的网络图，分析其关键线路，如果延误的工作为关键工作，则总延误的时间为批准顺延的工期；如果延误的工作为非关键工作，当该

比例法工期索赔

工作由于延误超过时差限制而成为关键工作时，可以批准延误时间与时差的差值；若该工作延误后仍为非关键工作，则不存在工期索赔问题。

（2）比例计算法 在实际工程中，干扰事件常常仅影响某些单项工程、单位工程或分部分项工程的工期，要分析它们对总工期的影响，可以采用较简单的比例分析法，常用计算公式为

如已知部分工程的延期时间，则

工期索赔值 =（受干扰部分工程的合同价/原合同价）× 该受干扰部分工期拖延时间

如已知额外增加工程量的价格，则

比例估算法
案例分析

工期索赔值 =（额外增加的工程量的价格/原合同价）× 原合同总工期

比例计算法简单方便，但有时不尽符合实际情况，比例计算法不适用于变更施工顺序、加速施工、删减工程量等事件的索赔。

在工期索赔中应当特别注意以下两个问题：一是划清施工进度拖延的责任；二是被延误的工作应是处于施工进度计划关键线路上的施工内容。

## 9.2 建设工程合同管理与工程索赔案例分析

### 9.2.1 工程索赔案例分析（一）

**1. 背景资料**

某建设单位（甲方）与某施工单位（乙方）订立了某工程项目的施工合同。合同规定：采用单价合同，每一分项工程的工程量增减超过 10% 时，需调整工程单价。合同工期为 25 天，工期每提前 1 天奖励 3000 元，每拖后 1 天罚款 5000 元。乙方在开工前及时提交了施工网络进度计划（图 9-1），并得到甲方代表的批准。

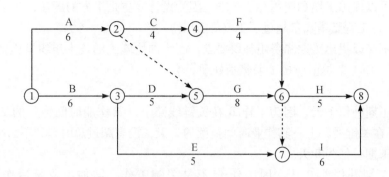

图 9-1  某工程施工网络进度计划（单位：天）

工程施工中发生如下几项事件：

事件 1  因甲方提供的电源出故障造成施工现场停电，使工作 A 和工作 B 的工效降低，作业时间分别拖延 2 天和 1 天；多用人工 8 个工日和 10 个工日；工作 A 租赁的施工机械每天租赁费为 560 元，工作 B 的自有机械每天折旧费 280 元。

事件 2  为保证施工质量，乙方在施工中将工作 C 原设计尺寸扩大，增加工程量 16m³，该工作综合单价为 87 元/m³，作业时间增加 2 天。

事件 3  因设计变更，工作 E 的工程量由 300m³ 增至 360m³，该工作原综合单价为 65 元/m³，经协商调整单价为 58 元/m³。

事件 4  鉴于该工程工期较紧，经甲方代表同意，乙方在工作 G 和工作 I 作业过程中采取了加快施工的技术组织措施，使这两项工作作业时间均缩短了 2 天，该两项加快施工技术组织措施费分别为 2000 元和 2500 元。

其余各项工作实际作业时间和费用均与原计划相符。

2. 问题

（1）上述哪些事件乙方可以提出工期和费用补偿要求？哪些事件不能提出工期和费用补偿要求？简述其理由。

（2）每项事件的工期补偿是多少天？总工期补偿多少天？

（3）该工程实际工期为多少天？工期奖（罚）款为多少元？

（4）假设人工工日单价为 25 元/工日，应由甲方补偿的人工窝工和降效费 12 元/工日，管理费、利润等不予补偿。试计算甲方应给予乙方的追加工程款为多少？

3. 案例分析

本案例主要考核工程索赔责任的划分，工期索赔、费用索赔计算与审核。分析该案例时，要注意网络计划关键线路、工作总时差的概念及其对工期的影响、工程变更价款的确定原则。

4. 答案

问题（1）

事件 1  可以提出工期和费用补偿要求，因为提供可靠电源是甲方的责任。

事件 2  不可以提出工期和费用补偿要求，因为保证工程质量是乙方的责任，其措施费由乙方自行承担。

事件 3 可以提出工期和费用补偿要求，因为设计变更是甲方的责任，且工作 E 的工程量增加了 60m³，工程量增加量超过了 10% 的约定。

事件 4 不可以提出工期和费用补偿要求，因为加快施工的技术组织措施费应由乙方承担，因加快施工而工期提前应按工期奖励处理。

**问题（2）**

事件 1 工期补偿 1 天，因为工作 B 在关键线路上，其作业时间拖延的 1 天影响了工期；工作 A 不在关键线路上，其作业时间拖延的 2 天，没有超过总时差，不影响工期。

事件 2 工期补偿为 0 天。

事件 3 工期补偿为 0 天，因工作 E 不是关键工作，增加工程量后作业时间增加 $\dfrac{360-300}{300} \times 5$ 天 $= 1$ 天，不影响工期。

事件 4 工期补偿 0 天。

总计工期补偿 1 天 + 0 天 + 0 天 + 0 天 = 1 天。

**问题（3）**

将每项事件引起的各项工作持续时间的延长值均调整到相应工作的持续时间上，计算得实际工期为 23 天。

工期提前奖励款为 $(25 + 1 - 23)$ 天 $\times 3000$（元/天）$= 9000$ 元

**问题（4）**

事件 1 人工费补偿为

$$(8 + 10) \text{工日} \times 12 \text{ 元/工日} = 216 \text{ 元}$$

机械费补偿为

$$2 \text{ 台班} \times 560 \text{ 元/台班} + 1 \text{ 台班} \times 280 \text{ 元/台班} = 1400 \text{ 元}$$

事件 3 按原单价结算的工程量为

$$300\text{m}^3 \times (1 + 10\%) = 330\text{m}^3$$

按新单价结算的工程量为

$$360\text{m}^3 - 330\text{m}^3 = 30\text{m}^3$$

结算价为

$$330\text{m}^3 \times 65 \text{ 元/m}^3 + 30\text{m}^3 \times 58 \text{ 元/m}^3 = 23190 \text{ 元}$$

合计追加工程款总额为

$$216 \text{ 元} + 1400 \text{ 元} + 30\text{m}^3 \times 65 \text{ 元/m}^3 + 30\text{m}^3 \times 58 \text{ 元/m}^3 + 9000 \text{ 元} = 14306 \text{ 元}$$

### 9.2.2 工程索赔案例分析（二）

**1. 背景资料**

某单位工程为单层钢筋混凝土排架结构，共有 60 根柱子，32m 空腹屋架。监理工程师批准的网络计划如图 9-2 所示（图中工作持续时间以月为单位）。

该工程施工合同工期为 18 个月，质量标准应符合设计要求。施工合同中规定，土方工程单价为 16 元/m³，土方估算工程量为 22000m³，混凝土工程单价为 320 元/m³，混凝土估算工程量为 1800m³。当土方工程量和混凝土工程量任何一项增加超出该项原估算工程量的 15% 时，该项超出部分结算单价可进行调整，调整系数为 0.9。

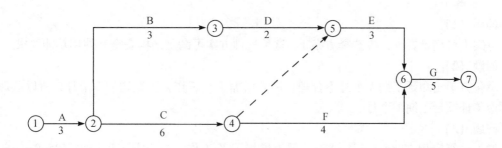

图 9-2　网络计划

施工过程中监理工程师发现刚拆模的钢筋混凝土柱子中，有 10 根存在工程质量问题，其中 6 根柱子蜂窝、露筋较严重，4 根柱子蜂窝、麻面轻微，且截面尺寸小于设计要求。截面尺寸小于设计要求的 4 根柱子经设计单位验算，可以满足结构安全和使用功能要求，可不加固补强。在监理工程师组织的质量事故分析处理会议上，承包方提出了如下 3 个处理方案：

方案 1　6 根柱子加固补强，补强后不改变外形尺寸，不造成永久性缺陷；另 4 根柱子不加固补强。

方案 2　10 根柱子全部砸掉重做。

方案 3　6 根柱子砸掉重做，另 4 根柱子不加固补强。

在工程按计划进行到第 4 个月时，业主、监理工程师与承包方协商同意增加一项工作 K，其持续时间为 2 个月，该工作安排在 C 工作结束后开始（K 是 C 的紧后工作）、E 工作开始前结束（K 是 E 的紧前工作）。由于 K 工作的增加，增加了土方工程量 3500m³，增加了混凝土工程量 200m³。

工程竣工后，承包方组织了该单位工程的预验收，在组织工程竣工验收前，业主已提前使用该工程。业主使用中发现房屋屋面漏水，要求承包方修理。

2. 问题

（1）以上对柱子工程质量问题的 3 种处理方案中，哪种处理方案能满足要求？为什么？

（2）由于增加了 K 工作，承包方提出了顺延工期 2 个月的要求，该要求是否合理？监理工程师应该签证批准的顺延工期是多少？

（3）由于增加了 K 工作，相应的工程量有所增加，承包方提出对增加工程量的结算费用为

土方工程：$3500m^3 \times 16$ 元$/m^3 = 56000$ 元

混凝土工程：$200m^3 \times 320$ 元$/m^3 = 64000$ 元

合计：120000 元

你认为该费用是否合理？监理工程师对这笔费用应签证多少？

（4）在工程未竣工验收前，业主提前使用是否认为该单位工程已验收？对出现的质量问题，承包方是否承担保修责任？

3. 案例分析

本案例主要考核工程索赔责任的划分、工期索赔计算与审核及工程价款的确定。

## 4. 答案

**问题（1）**

方案 1 可满足要求，应选择方案 1。这种处理方案可满足结构安全和使用功能要求。

**问题（2）**

承包方提出顺延工期 2 个月不合理，因为增加了 K 工作，工期增加 1 个月，所以监理工程师应签证顺延工期 1 个月。

**问题（3）**

增加结算费用 120000 元不合理。因为增加了 K 工作，使土方工程增加了 3500m³，已超过了原估计工程量 22000m³ 的 15%，故应进行价格调整。新增土方工程款为

$$3300m^3 \times 16 \ 元/m^3 + 200m^3 \times 16 \ 元/m^3 \times 0.9 = 55680 \ 元$$

混凝土工程量增加了 200m³，未超过原估计工程量 1800m³ 的 15%，故仍按原单价计算，新增混凝土工程款为

$$200m^3 \times 320 \ 元/m^3 = 64000 \ 元$$

监理工程师应签证的费用为

$$(55680 + 64000) 元 = 119680 \ 元$$

**问题（4）**

工程未经验收，业主提前使用，按现行法规是不允许的，不能视为该单位工程已验收。对出现的质量问题：①如果属于业主强行使用直接产生的质量问题，由业主承担责任；②如果属于施工质量问题，由承包方承担保修责任。

### 9.2.3　工程索赔案例分析（三）

**1. 背景资料**

某施工公司于 20××年 5 月 8 日与某厂签订了一份土方工程施工合同。该工程的基坑开挖量为 12000m³，计算单价为 3.8 元/m³，甲、乙双方合同约定 5 月 15 日开工，5 月 29 日完工。监理工程师批准了乙方编制的施工方案，该施工方案规定：采用两台反铲挖掘机施工，其中一台为自有反铲挖掘机，自有反铲挖掘机的台班单价为 624 元/台班、折旧费为 80 元/台班；另一台为租赁反铲挖掘机，租赁费为 800 元/台班。在实际施工中发生了如下几项事件：

事件 1　因遇季节性大雨，晚开工 3 天，造成人员窝工 30 个工日。

事件 2　施工过程中，因遇地下墓穴，接到监理工程师 5 月 20 日停工的指令，造成人员窝工 20 个工日。

事件 3　5 月 22 日接到监理工程师于 5 月 23 日复工的指令，同时提出部分基坑开挖深度加深 2.5m 的设计变更通知单，因此增加的土方开挖工程量为 2400m³。

事件 4　5 月 28 日~5 月 29 日施工现场下了该季节罕见的特大暴雨，造成人员窝工 20 个工日。

事件 5　5 月 30 日用 40 个工日修复冲坏的永久性道路，5 月 31 日起恢复挖掘工作，最终基坑于 6 月 5 日完成土方工程。

**2. 问题**

（1）施工公司可提出哪些事件的索赔，说明原因。

（2）施工公司可索赔的工期是多少天？

（3）假设人工工资单价为 28 元/工日，窝工工资单价为 20 元/工日，该施工公司可索赔的总费用是多少？

（4）施工公司向厂方提出的索赔信包括的内容有哪些？

3. 案例分析

本案例主要考核工程索赔的概念，工程索赔成立的条件，施工进度拖延和费用增加的责任划分与处理原则，特别是在出现共同延误情况下工期延长和费用索赔的处理原则和方法，以及竣工拖期违约损失赔偿金的处理原则和方法。

4. 答案

**问题（1）**

（1）事件 1　索赔不成立，属于承包商应承担的风险。

（2）事件 2　可提出费用和工期索赔，属于有经验的承包商无法预见的特殊情况。

（3）事件 3　可提出费用和工期索赔，因为是由于设计变更造成的。

（4）事件 4　可提出工期索赔，属于有经验的承包商无法预见的不可抗力事件。

（5）事件 5　可提出费用和工期索赔，因永久道路畅通属业主负责。

**问题（2）**

（1）事件 2　可索赔工期 3 天。

（2）事件 3　可索赔工期 3 天，$2400/12000 \times 15$ 天 = 3 天

（3）事件 4　可索赔工期 2 天。

（4）事件 5　可索赔工期 1 天

施工单位可索赔的总工期 = $(3 + 3 + 2 + 1)$ 天 = 9 天

**问题（3）**

（1）事件 2　人工费 = 20 元/工日 × 20 工日 = 400 元

机械费 = $(80 + 800)$ 元/台班 × 3 台班 = 2640 元

（2）事件 3　总费用 = 2400$m^3$ × 3.8 元/$m^3$ = 9120 元

（3）事件 5　人工费 = 40 工日 × 28 元/工日 = 1120 元

机械费 = $(80 + 800)$ 元 = 880 元

施工单位可索赔的总费用 = $(400 + 2640 + 9120 + 1120 + 880)$ 元 = 14160 元

**问题（4）**

索赔信包括以下内容：

说明索赔事件，列举索赔理由，提出索赔金额与工期，附件说明。

### 9.2.4　合同管理案例分析（一）

1. 背景资料

某建设单位（甲方）拟建造一栋职工住宅，招标后由某施工单位（乙方）中标承建。甲乙双方签订的施工合同摘要如下：

（1）协议书中的部分条款

1）工程概况

工程名称：职工住宅楼

工程地点：市区

工程内容：建筑面积为3200m² 的砖混结构住宅楼

2）工程承包范围　某建筑设计院设计的施工图所包括的土建、装饰、水暖电工程。

3）合同工期

开工日期：20××年3月21日

竣工日期：20××年9月30日

合同工期总日历天数：190天（扣除5月1～3日3天）

4）质量标准　工程质量标准达到甲方规定的质量标准

5）合同价款　合同总价为壹佰陆拾陆万肆仟元人民币（￥166.4万元）。

6）乙方承诺的质量保修　在该项目设计规定的使用年限（50年）内，乙方承担全部保修责任。

7）甲方承诺的合同价款支付期限与方式

① 工程预付款：于开工之日支付合同总价的10%作为预付款。预付款不予扣回，直接抵作工程进度款。

② 工程进度款：基础工程完成后，支付合同总价的10%；主体结构三层完成后，支付合同总价的20%；主体结构封顶后，支付合同总价的20%；工程基本竣工时，支付合同总价的30%。为确保工程如期竣工，乙方不得因甲方资金的暂时不到位而停工和拖延工期。

③ 竣工结算：工程竣工验收后，进行竣工结算。结算时按全部工程造价的3%扣留工程保修金。

8）合同生效

合同订立时间：20××年3月5日

合同订立地点：××市××区××街××号

本合同双方约定经双方主管部门批准及公证后合同生效。

(2) 专用条款中有关合同价款的条款

1）合同价款与支付　本合同价款采用固定价格合同方式确定。

2）合同价款包括的风险范围　合同价款包括的风险范围如下：

① 工程变更事件发生导致工程造价增减不超过合同总价10%。

② 政策性规定以外的材料价格涨落等因素造成工程成本变化。

风险费用的计算方法：风险费用已包括在合同总价中。

风险范围以外合同价款调整方法：按实际竣工建筑面积520.00元/m²调整合同价款。

(3) 补充协议条款

在上述施工合同协议条款签订后，甲乙双方又接着签订了补充施工合同协议条款。摘要如下：

补（1）木门窗均用水曲柳板包门窗套。

补（2）铝合金窗90系列改用某铝合金厂42型系列产品。

补（3）挑阳台均采用某铝合金厂42型系列铝合金窗封闭。

2. 问题

(1) 上述合同属于哪种计价方式合同类型？

（2）该合同签订的条款有哪些不妥当之处？应如何修改？

（3）对合同中未规定承包商义务，合同实施过程中又必须进行的工程内容，承包商应如何处理？

3. 案例分析

本案例主要涉及有关建设工程施工合同类型及其适用条件，合同条款签订中易发生的若干问题，以及施工过程中出现合同未规定的承包商义务但又必须进行的工程内容，承包商应采用的处理方法。

4. 答案

**问题（1）**

从甲、乙双方签订的合同条款来看，该工程施工合同属于固定价格合同。

**问题（2）**

该合同条款存在的不妥之处及其修改内容如下：

（1）合同工期总日历天数不应扣除节假日，可以将该节假日时间加到总日历天数中。

（2）不应以甲方规定的质量标准作为该工程的质量标准，而应以《建筑工程施工质量验收统一标准》（GB 50300—2013）中规定的质量标准作为该工程的质量标准。

（3）质量保修条款不妥，应按《建设工程质量管理条例》的有关规定进行修改。

（4）工程价款支付条款中的"基本竣工时间"不明确，应修订为具体明确的时间；"乙方不得因甲方资金的暂时不到位而停工和拖延工期"条款显失公平，应说明甲方资金不到位在什么期限内乙方不得停工和拖延工期，且应规定逾期支付的利息如何计算。

（5）从该案例背景来看，合同双方都是合法的独立法人单位，不应约定经双方主管部门批准后该合同生效。

（6）专用条款中有关风险范围以外合同价款调整方法（按实际竣工建筑面积 520.00 元/$\text{m}^2$ 调整合同价款）与合同的风险范围、风险费用的计算方法相矛盾，该条款应针对可能出现的除合同价款包括的风险范围以外的内容，约定合同价款调整方法。

（7）在补充施工合同协议条款中，不仅要补充工程内容，而且要说明其价款是否需要调整，若需调整应如何调整。

**问题（3）**

首先应及时与甲方协商，确认该部分工程内容是否由乙方完成。如果需要由乙方完成，则应与甲方商签补充合同条款，就该部分工程内容明确双方各自的权利义务，并对工程计划做出相应的调整；如果由其他承包商完成，乙方也要与甲方就该部分工程内容的协作配合条件及相应的费用等问题达成一致意见，以保证工程的顺利进行。

### 9.2.5　合同管理案例分析（二）

1. 背景资料

某海滨城市为发展旅游业，经批准兴建一座三星级大酒店。该项目甲方于 20××年 10 月 10 日分别与某建筑工程公司（乙方）和某外资装饰工程公司（丙方）签订了主体建筑工程施工合同和装饰工程施工合同。

合同约定主体建筑工程施工于当年 11 月 10 日正式开工。合同日历工期为 2 年 5 个月。因主体工程与装饰工程分别为两个独立的合同，由两个承包商承建，为保证工期，当事人约定：主体与装饰装修施工采取立体交叉作业，即主体完成3层，装饰装修工程承包商立即进入装饰装修作业。为保证装饰装修工程达到三星级水平，业主委托某监理公司实施"装饰装修工程监理"。

在工程施工1年6个月时，甲方要求乙方将竣工日期提前2个月，双方协商修订施工方案后达成协议。

该工程按变更后的合同工期竣工，经验收后投入使用。

在该工程投入使用2年6个月后，乙方因甲方少付工程款起诉至法院。诉称：甲方于该工程验收合格后签发了竣工验收报告，并已开张营业。在结算工程款时，甲方本应付工程总价款1600万元人民币，但只付1400万元人民币，特请求法庭判决被告支付剩余的200万元及拖期的利息。

在庭审中，被告答称：原告主体建筑工程施工质量有问题，如大堂、电梯间门洞、大厅墙面、游泳池等主体施工质量不合格。因此，装修商进行返工，并提出索赔，经监理工程师签字报业主代表认可，共支付15.2万美元，折合人民币125万元。此项费用应由原告承担。另还有其他质量问题，并造成客房、机房设备、设施损失计人民币75万元。共计损失200万元人民币，应从总工程款中扣除，故支付乙方主体工程款总额为1400万元人民币。

原告辩称：被告称工程主体不合格不属实，并向法庭呈交了业主及有关方面签字的合格竣工验收报告及业主致乙方的感谢信等证据。

被告又辩称：竣工验收报告及感谢信，是在原告法定代表人宴请我方时，提出为了企业晋级的情况下，我方代表才签的字。此外，被告代理人又向法庭呈交业主被装饰装修工程公司提出的索赔15.2万美元（经监理工程师和业主代表签字）的清单56件。

原告再辩称：被告代表发言纯系戏言，怎能以签署竣工验收报告为儿戏，请求法庭以文字为证。又指出：如果真的存在被告所说的情况，那么被告应当根据《建设工程质量管理条例》的规定，在装饰装修施工前通知我方修理。

原告最后请求法庭关注：从签发竣工验收报告到起诉前，乙方多次以书面方式向甲方提出结算要求。在长达2年多的时间里，甲方从未向乙方提出过工程存在质量问题。

2. 问题

（1）原、被告之间的合同是否有效？

（2）如果在装饰装修施工时，发现主体工程施工质量有问题，甲方应采取哪些正当措施？

（3）对于乙方因工程款纠纷的起诉和甲方因工程质量问题的起诉，法院是否应予以保护？

3. 案例分析

本案例主要考核如何依法进行建设工程合同纠纷的处理。本案例所涉及的法律法规有：《中华人民共和国民法通则》《中华人民共和国合同法》《建设工程施工合同（示范文本）》《建设工程质量管理条例》等。

4. 答案

**问题（1）**

合同双方当事人符合建设工程施工合同主体资格的要求，并且合同订立形式与内容均合法，所以原、被告之间的合同有效。

**问题（2）**

根据《建设工程质量管理条例》的规定，主体工程保修期为设计文件规定的该工程合理使用年限。在保修期内，当发现主体工程施工质量有问题时，业主应及时通知承包商进行修理。承包商不在约定期限内派人修理，业主可委托其他人员修理，保修费用从质量保修金内扣除。显然，如果装饰装修施工中发现的主体工程施工质量问题属实，应按保修处理。

**问题（3）**

根据我国《民法通则》的规定，向人民法院请求保护民事权利的诉讼时效期为 2 年，从当事人知道或应当知道权利被侵害时起算。本案例中业主在直至庭审前的 2 年多时间里，一直未就质量问题提出异议，已超过诉讼时效，所以，不予保护。而乙方自签发竣工验收报告后，向甲方多次以书面方式提出结算要求，其诉讼权利应予保护。

## 练 习 题

### 练习题一

**1. 背景资料**

某工程项目，业主通过招标与甲建筑公司签订了土建工程施工合同，包括 A、B、C、D、E、F、G、H 八项工作，合同工期 360 天。业主与乙安装公司签订了设备安装施工合同，包括设备安装与调试工作，合同工期 180 天，通过相互的协调，编制了如图 9-3 所示的网络进度计划。

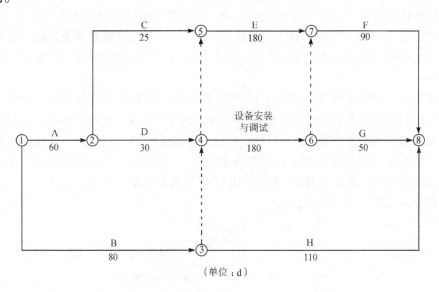

图 9-3　网络进度计划

该工程施工过程中发生了以下事件：

（1）基础工程施工时，业主负责供应的钢筋混凝土预制桩供应不及时，使 A 工作延误

7天。

（2）B工作施工后进行检查验收时，发现一预埋件埋置有误，经核查，是由于设计图样中预埋件位置标注错误所致。甲建筑公司进行了返工处理，损失5万元，且使B工作延误15天。

（3）甲建筑公司因人员与机械调配问题造成C工作增加工作时间5天，窝工损失2万元。

（4）乙安装公司进行设备安装时，因接线错误造成设备损坏，使乙安装公司安装调试工作延误5天，损失12万元。

发生以上事件后，施工单位均及时向业主提出了索赔要求。

2. 问题

（1）分析以上各事件中，业主是否应给予甲建筑公司和乙安装公司工期和费用补偿。

（2）如果合同中约定，由于业主原因造成延期开工或工期延期，每延期一天补偿施工单位6000元，由于施工单位原因造成延期开工或工期延误，每延误一天罚款6000元。计算施工单位应得的工期与费用补偿各是多少？

（3）该项目采用预制钢筋混凝土桩基础，共有800根桩，桩长9m。合同规定：桩基分项工程的综合单价为180/m；预制桩由业主购买供应，每根桩按950元计。计算甲建筑公司桩基础施工应得的工程款为多少（计算结果保留两位小数）？

 练习题二

1. 背景资料

某小型水坝工程，系匀质土坝，下游设滤水坝址，土方填筑量836150m³，砂砾石滤料78500m³，中标合同价7369920美元，工期一年半。

在投标报价书中，工程净直接费（人工费、材料费、机械费以及施工开办费等）以外，另加12%的工地管理费，构成工程工地总成本；另列8%的总部管理费及利润。在投标报价书中，大坝土方的单价为4.5美元/m³，运距为750m；砂砾石滤料的单价为5.5美元/m³，运距为1700m。

开始施工后，监理工程师先后发出14个变更指令，其中两个指令涉及工程量的大幅度增加，而且土料和砂砾料的运输距离亦有所增加。承包商认为，这两项增加工程量的数量都比较大，土料增加了原土方量的5%，砂砾石滤料增加了约16%；而且，运输距离相应增加了100%及29%（数据见表9-1）。按照批准的施工方案，用1m³正铲挖掘机装车，每小时60m³，每小时机械及人工费总计28美元；用6t载货汽车运输，每次运土4m³，每小时运送两趟，运输设备费用每小时25美元。

表9-1 增加工程项目清单

| 索 赔 项 目 | 增加工程量 |
|---|---|
| 坝体土方 | 41818m³（原为836150m³），运距由750m增至1500m |
| 砂砾石滤料 | 12500m³（原为78500m³），运距由1700m增至2200m |
| 延期的现场管理费 | 原合同额中现场管理费为731143美元，工期为18个月 |

2. 问题

（1）本工程索赔的处理原则是什么？

（2）根据中标合同价，每月工地现场管理费应为多少？

（3）计算新增土方的单价。

（4）计算新增土方补偿款额。

（5）若砂砾石滤料开挖及装载费用为 0.62 美元/m³，运输费用为 3.91 美元/m³，计算新增砂砾石滤料单价及新增砂砾石滤料补偿款额。

（6）新增工作量换算为正常合同工期应是多少？

 练习题三

1. 背景资料

某业主兴建一栋 26 层的商住楼，于 2018 年 12 月经招标由××建筑工程公司中标承包，签订的施工合同工期为 20 个月。2019 年 5 月主体施工至四层时，因业主资金出现困难，难以按施工进度划款给承包商，以及无力还贷等原因，经董事会研究决定暂停兴建，报市建设局同意后，于 5 月 20 日用公函形式通知承包商，通知书内容如下。

××建筑公司：

鉴于本公司资金周转困难重重，已无法维持正常施工，经董事会研究决定并报市建设局同意，本工程暂停兴建。通知贵公司自接到本通知后 3 日内完全停止施工，6 月 15 日前撤离施工现场。为此，我公司深表歉意，请予谅解和协作。

特此通知

××单位

法人代表：×××

2019 年 5 月 20 日

2. 问题

（1）业主发给承包商的该"通知书"是否有不对的地方？若有，请指出。

（2）你认为承包商收到"通知书"后是否应马上停工或继续施工？说明理由。

（3）本工程发生的事件符合停止合同条件，请指出需要办理什么手续后，才能终止原施工合同。

（4）在商签施工合同时，业主提出要承包商垫资 500 万元，承包商表示愿意接受，签订了一个补充协议书。但在报送合同审查和施工报建时，该补充协议没有提交。现在由于工程停建，承包商提出要向业主索取 6 个月的银行贷款利息，双方争执不下，请问应如何处理？

（5）若承包商同意终止合同，并决定在 7 月 15 日前退场，请问应向业主索取哪些费用？

（6）本工程将来还是要续建的，目前承包商决定退场。请问承包商在退场前应做好哪些有关现场及资料的工作？

# 第10章

## 工程价款结算

学习目标

通过本章的学习，了解工程价款结算的分类；掌握工程预付款、进度款和工程预付款扣还的计算方法；熟悉竣工结算的调整方法。

# 10.1　工程价款结算概述

当工程承包合同签订之后，在施工前业主应根据承包合同向承包商支付预付款（预付备料款）；在工程执行过程中，业主应根据承包商完成的工程量支付工程进度款；当工程执行到一定阶段时，业主在支付工程进度款的同时要抵扣预付款并进行中间结算；当工程全部完成后合同双方应进行工程款的最终结算。

## 10.1.1　工程预付款

按合同规定，在开工前，业主要预付一笔工程材料、预制构件的备料款给承包商。在实际工作中，工程预付款的额度通常由各地区根据工程类型、施工工期、材料供应状况确定，一般为当年建筑安装工程产值的25%左右，对于大量采用预制构件的工程可以适当增加。

## 10.1.2　工程预付款的扣还

由于工程预付款是按所需占用的储备材料款与建筑安装工程产值的比例计算的，所以，随着工程的进展，材料储备随之减少，相应的材料储备款也减少，因此，预付款应当陆续扣回，直到工程竣工之前扣完。将施工工程尚需的主要材料及构件的价值相当于预付款时作为起扣点。达到起扣点时，从每次结算工程价款中按材料费的比例扣抵预付款。预付款的起扣点可按下列公式计算：

$$\frac{预付款}{起扣点} = 承包工程价款总额 - \frac{预付款}{主要材料费占工程价款总额的比例}$$

需要说明的是，在实际工程中，情况比较复杂，有的工程工期比较短，只有几个月，预付款无需分期扣还；有的工程工期较长，需跨年度建设，其预付款占用时间较长，可根据需要少扣或多扣。在一般情况下，工程进度达到65%时，开始抵扣预付款。

## 10.1.3　工程进度款

工程进度款的支付方法有以下两种：

### 1. 按月完成产值支付

该方法一般在月底或月初支付本月完成产值的工程进度款。当工程进度款达到预付款起扣点时，则应从进度款中减去应扣除的预付款数额。

支付进度款的计算公式为：

$$\frac{本期工程}{进度款} = \frac{本期完成}{产值} - \frac{应扣除的}{预付款}$$

### 2. 按逐月累计完成产值支付

按逐月累计完成产值支付工程进度款是国际承包工程常用的方法之一。具体做法是：

1）业主不支付承包商预付款，工程所需的备料款全部由承包人自筹或向银行贷款。

2）承包商进入施工现场的材料、构配件和设备，均可以报入当月的工程进度款，由业主负责支付。

3）工程进度款采取逐月累计、倒扣合同总金额的方法支付。该方法的优点是如果上月累计多支付，即可在下期累计产值中扣回，不会出现长期超支工程款的现象。

4）支付工程进度款时，扣除按合同规定的保留金。保留金一般为工程合同价的5%，大型工程可以在合同中规定一个数额。

5）按逐月累计完成产值支付工程进度款的计算公式为

$$累计完成产值 = 本月完成产值 + 上月累计完成产值$$
$$未完产值 = 合同总价 - 累计完成产值$$

### 10.1.4　竣工结算

承包商完成合同规定的工程内容并交工后，应向业主办理竣工结算。

在进行竣工结算时，若因某些条件变化使工程合同价发生变化，则需要按合同规定对合同价进行调整。

在实际工作中，当年开工当年竣工的工程，只需办理一次性结算；跨年度的工程，可在年终办理一次年终结算，将未完工程结转到下一年度，这时，竣工结算等于各年度结算的总和。

竣工结算工程价款的计算公式为

$$竣工结算工程价款 = 工程合同总价 + 工程或费用变更调整金额 - 预付款及已结算工程款 - 保留金$$

### 10.1.5　工程价款的动态结算

现行的工程价款的结算方法一般是静态的，没有反映价格等因素的变化影响。因此，要全面反映工程价款结算，应实行工程价款的动态结算。所谓动态结算，就是要把各种动态因素渗透到结算过程中，使结算价大体能反映实际的消耗费用。常用的动态结算方法有以下几种。

1. 按竣工调价系数办理结算

当采用某地区政府指导价作为承包合同的计价依据时，竣工时可以根据合理的工期和当地工程造价管理部门发布的竣工调价系数调整人工、材料、机械台班等费用。

2. 按实际价格计算

在建筑材料市场比较完善的条件下，材料采购的范围和选择余地越来越大。为了合理降低工程成本，工程发生的主要材料费可按当地工程造价管理部门定期发布的最高限价结算，也可由合同双方根据市场供应情况共同定价。

3. 采用调值公式法结算

用调值公式法计算工程结算价款，主要调整工程造价中有变化的部分。采用该方法，要将工程造价划分为固定不变的部分和变化的部分。

调值公式表达式为

$$P = P_0 \left( a_0 + a_1 \frac{A}{A_0} + a_2 \frac{B}{B_0} + a_3 \frac{C}{C_0} + a_4 \frac{D}{D_0} + \cdots \right)$$

式中　　　　　　$P$——调值后的实际工程结算价款；

　　　　　　　　$P_0$——调值前的合同价或工程进度款；

$a_0$——固定不变的费用，不需要调整的部分在合同总价中的权重；

$a_1$、$a_2$、$a_3$、$a_4$…——分别表示各有关费用在合同总价中的权重；

$A_0$、$B_0$、$C_0$、$D_0$…——$a_1$、$a_2$、$a_3$、$a_4$…对应的各项费用的基期价格或价格指数；

$A$、$B$、$C$、$D$…——在工程结算月份与 $a_1$、$a_2$、$a_3$、$a_4$…对应的各项费用的现行价格或价格指数。

上述各部分费用占合同总价的比例，应在投标时要求承包方提出，并在价格分析中予以论证；也可以由业主在招标文件中规定一个范围，由投标人在此范围内选定。

## 10.2  工程价款结算案例分析

### 10.2.1  工程预付款案例分析

**1. 背景资料**

某综合楼工程承包合同规定，工程预付款按当年建筑安装工程产值的 26% 支付，该工程当年预计总产值 325 万元。

**2. 问题**

该工程预付款应该为多少？

**3. 答案**

工程预付款 = 325 万元 × 26% = 84.5 万元

### 10.2.2  工程价款结算案例分析

**1. 背景资料**

某建筑工程的合同承包价为 489 万元，工期为 8 个月，工程预付款占合同承包价的 20%，主要材料及预制构件价值占工程总价的 65%，保留金占工程总价的 5%。该工程每月实际完成的产值及合同价款调整增加额见表 10-1。

表 10-1  某工程每月实际完成产值及合同价款调整增加额

| 月  份 | 1 | 2 | 3 | 4 | 5 | 6 | 7 | 8 | 合同价款调整增加额/万元 |
|---|---|---|---|---|---|---|---|---|---|
| 完成产值/万元 | 25 | 36 | 89 | 110 | 85 | 76 | 40 | 28 | 67 |

工程价款结算案例分析

工程备料款扣除

**2. 问题**

（1）该工程应支付多少工程预付款？

（2）该工程预付款起扣点为多少？

（3）该工程每月应结算的工程进度款及累计拨款分别为多少？

（4）该工程应付竣工结算价款为多少？

（5）该工程保留金为多少？

（6）该工程8月份实付竣工结算价款为多少？

3. 答案

**问题（1）**

工程预付款 = 489 万元 × 20% = 97.8 万元

**问题（2）**

$$工程预付款起扣点 = \left(489 - \frac{97.8}{65\%}\right) 万元 = 338.54 万元$$

**问题（3）**

每月应结算的工程进度款及累计拨款如下：

1月份应结算工程进度款25万，累计拨款25万。

2月份应结算工程进度款36万，累计拨款61万。

3月份应结算工程进度款89万，累计拨款150万。

4月份应结算工程进度款110万，累计拨款260万。

5月份应结算工程进度款85万，累计拨款345万。

因5月份累计拨款已超过338.54万元的起扣点，所以，应从5月份的85万进度款中扣除一定数额的预付款。

$$超过部分 = (345 - 338.54) 万元 = 6.46 万元$$

5月份结算进度款 = (85 - 6.46)万元 + 6.46万元 × (1 - 65%) = 80.80万元

5月份累计拨款 = （260 + 80.80）万元 = 340.80万元

6月份应结算工程进度款 = 76万元 × (1 - 65%) = 26.6万元

6月份累计拨款367.40万元

7月份应结算工程进度款 = 40万元 × (1 - 65%) = 14万元

7月份累计拨款381.40万元

8月份应结算工程进度款 = 28万元 × (1 - 65%) = 9.80万元

8月份累计拨款391.2万元，加上预付款97.8万元，共拨款489万元。

**问题（4）**

竣工结算价款 = 合同总价 + 合同价款调整增加额 = (489 + 67)万元 = 556万元

**问题（5）**

保留金 = 556万元 × 5% = 27.80万元

**问题（6）**

8月份实付竣工结算价款 = (9.80 + 67 - 27.80)万元 = 49万元

### 10.2.3　竣工工程价款案例分析

1. 背景资料

某框架结构工程在年内已竣工，合同承包价为820万元。其中，分部分项工程量清单费

690 万元，措施项目清单费 80 万元，其他项目清单费 10 万元，规费 12 万元，税金 71.28 万元。查该地区工程造价管理部门发布的该类工程本年度以分部分项工程量清单费为基础的竣工调价系数为 1.015。

2. 问题

（1）求规费占分部分项工程量清单费、措施项目清单费和其他项目清单费的百分比。

（2）求税金占上述四项费用的百分比。

（3）求调价后的竣工工程价款。

3. 答案

**问题（1）**

规费占分部分项工程量清单费、措施项目清单费和其他项目清单费百分比 $= \dfrac{12}{690 + 80 + 10} = 1.538\%$

**问题（2）**

税金占前四项费用百分比 $= \dfrac{71.28}{690 + 80 + 10 + 12} = 9.0\%$

**问题（3）**

调价后的竣工工程价款 $= (690 \times 1.015 + 80 + 10)$ 万元 $\times (1 + 1.538\%) \times (1 + 9.0\%)$

$= 874.731$ 万元

### 10.2.4　价格指数工程价款结算案例分析

调值公式法

1. 背景资料

某全现浇框架结构工程，合同总价为 1230 万元，合同签订期为 2012 年 12 月 30 日，工程于 2013 年 12 月 30 日建成交付使用。该地区工程造价管理部门发布的价格指数和该工程各项费用构成比例见表 10-2。

表 10-2　价格指数与工程各项费用构成比例

| 项　目 | 人　工　费 | | 钢　材 | | 木　材 | | 水　泥 | | 砂 | | 不调价费用 |
|---|---|---|---|---|---|---|---|---|---|---|---|
| 占合同价比例 | $a_1$ | 11% | $a_2$ | 20% | $a_3$ | 4% | $a_4$ | 15% | $a_5$ | 6% | 44% |
| 2002 年 12 月 30 日 | $A_0$ | 101 | $B_0$ | 102 | $C_0$ | 98 | $D_0$ | 103 | $E_1$ | 113 | |
| 2003 年 12 月 30 日 | $A$ | 105 | $B$ | 110 | $C$ | 107 | $D$ | 109 | $E$ | 105 | |

2. 问题

用调值公式法计算实际应支付的工程价款。

3. 答案

实际应支付的工程价款 $= 1230$ 万元 $\times \left( 0.44 + 0.11 \times \dfrac{105}{101} + 0.20 \times \dfrac{110}{102} + 0.04 \times \dfrac{107}{98} + \right.$

$\left. 0.15 \times \dfrac{109}{103} + 0.06 \times \dfrac{105}{113} \right)$

$= 1264.69$ 万元

练 习 题

 练习题一

1. 背景资料

某建筑工程即将开工，承包合同约定，工程预付款按当年建筑工程产值的 26% 计算。该工程当年建筑工程计划产值 400 万元。

2. 问题

应拨付的工程预付款为多少？

 练习题二

1. 背景资料

某工程的合同承包价为 1495 万元，工期为 7 个月，工程预付款占合同承包价的 25%，主要材料及预制构件价值占工程总价的 63%，保留金占工程总价的 5%，该工程每月实际完成产值及合同价调整增加额见表 10-3。

表 10-3 某工程每月实际完成产值及合同价调整增加额

| 月 份 | 1 | 2 | 3 | 4 | 5 | 6 | 7 | 合同价调整增加额/万元 |
|---|---|---|---|---|---|---|---|---|
| 完成产值/万元 | 110 | 200 | 250 | 360 | 330 | 180 | 65 | 86 |

2. 问题

（1）该工程应支付多少工程预付款？

（2）工程预付款的起扣点为多少？

（3）每月应结算的工程进度款及累计拨款分别是多少？

（4）应付竣工结算价款为多少？

（5）保留金为多少？

（6）7 月份实付竣工结算价款为多少？

 练习题三

1. 背景资料

某建筑工程在年内已竣工，合同承包价为 603 万元。其中，分部分项工程量清单费为 500 万元，措施项目清单费为 60 万元，其他项目清单费为 15 万元，规费为 8 万元，税金为 20 万元。查该地区工程造价管理部门发布的该类工程本年度以分部分项工程清单费为基础的竣工调价系数为 1.02。

2. 问题

（1）求规费占分部分项工程量清单费、措施项目清单费和其他项目清单费的百分比。

（2）求税金占上述四项费用的百分比。

（3）求调价后的竣工工程价款。

练习题四

1. 背景资料

某建筑工程，合同总价为 780 万元，合同签订期 2013 年 1 月 30 日，工程于 2013 年 12 月 30 日建成交付使用。该工程各项费用构成比例及工程造价管理部门发布的价格指数见表 10-4。

表 10-4　某工程各项费用构成比例及地区价格指数

| 项　目 | 人　工　费 | | 钢　材 | | 木　材 | | 水　泥 | | 砂 | | 不调价费用 |
|---|---|---|---|---|---|---|---|---|---|---|---|
| 占合同价比例 | $a_1$ | 13% | $a_2$ | 18% | $a_3$ | 10% | $a_4$ | 16% | $a_5$ | 7% | 36% |
| 2013 年 1 月 30 日 | $A_0$ | 111 | $B_0$ | 102 | $C_0$ | 107 | $D_0$ | 104 | $E_0$ | 110 | |
| 2013 年 12 月 30 日 | $A$ | 109 | $B$ | 114 | $C$ | 105 | $D$ | 115 | $E$ | 106 | |

2. 问题

用调值公式法计算实际应支付的工程价款。

# 参 考 文 献

[1]  袁建新,迟晓明. 施工图预算与工程造价控制 [M]. 北京：中国建筑工业出版社, 2000.

[2]  袁建新. 企业定额编制原理与实务 [M]. 北京：中国建筑工业出版社, 2003.

[3]  尹贻林. 工程造价计价与控制 [M]. 北京：中国计划出版社, 2008.

[4]  尹贻林. 工程造价案例分析 [M]. 北京：中国计划出版社, 2009.

[5]  袁建新. 建筑工程预算 [M]. 6 版. 北京：中国建筑工业出版社, 2019.

[6]  袁建新. 工程量清单计价 [M]. 5 版. 北京：中国建筑工业出版社, 2020.

[7]  袁建新. 建筑装饰工程预算 [M]. 5 版. 北京：科学出版社, 2018.

[8]  袁建新. 工程造价实训指导 [M]. 北京：机械工业出版社, 2011.

[9]  袁建新. 工程造价管理 [M]. 4 版. 北京：高等教育出版社, 2018.